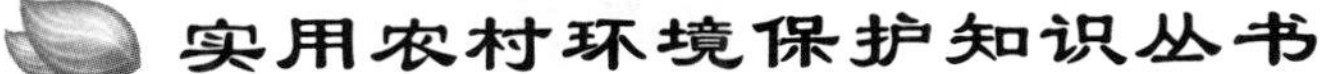

农村建筑垃圾综合处理与资源化利用技术

郭　强　徐栋梁　刘　杰
刘　涛　程小波　赵由才　编著

北　京
冶金工业出版社
2019

内容提要

本书以新农村建筑垃圾的处理及资源化为重点，介绍了农村建筑垃圾资源化的设备及处理技术。全书共分7章，内容包括：农村建筑垃圾的分类、组成、现状及改善政策，新农村建筑垃圾的收运管理体系，建筑垃圾预处理技术及设备，建筑垃圾资源化技术与设备，固定式建筑垃圾资源化处理厂的规模及生产工艺，建筑垃圾填埋场的工艺设计及运营管理等，针对我国农村建筑垃圾管理现状提出建议。

本书可供从事建筑垃圾处理技术研发工作的科研人员，从事农村建筑垃圾处理的投资建设、工艺设计、运营管理的工程技术人员以及高等院校环境工程专业师生参考。

图书在版编目(CIP)数据

农村建筑垃圾综合处理与资源化利用技术/郭强等编著．—北京：冶金工业出版社，2019.12
（实用农村环境保护知识丛书）
ISBN 978-7-5024-8245-9

Ⅰ.①农…　Ⅱ.①郭…　Ⅲ.①农村—建筑垃圾—垃圾处理 ②农村—建筑垃圾—废物综合利用　Ⅳ.①TU746.5　②X799.1

中国版本图书馆CIP数据核字（2019）第217098号

出 版 人　陈玉千
地　　址　北京市东城区嵩祝院北巷39号　邮编　100009　电话　(010)64027926
网　　址　www.cnmip.com.cn　电子信箱　yjcbs@cnmip.com.cn
责任编辑　杨盈园　美术编辑　彭子赫　版式设计　孙跃红
责任校对　王永欣　责任印制　李玉山
ISBN 978-7-5024-8245-9
冶金工业出版社出版发行；各地新华书店经销；三河市双峰印刷装订有限公司印刷
2019年12月第1版，2019年12月第1次印刷
169mm×239mm；9.5印张；184千字；139页
48.00元

冶金工业出版社　投稿电话　(010)64027932　投稿信箱　tougao@cnmip.com.cn
冶金工业出版社营销中心　电话　(010)64044283　传真　(010)64027893
冶金工业出版社天猫旗舰店　yjgycbs.tmall.com

序　言

据有关统计资料介绍，目前中国大陆有县城1600多个：其中建制镇19000多个，农场690多个，自然村266万个（村民委员会所在地的行政村为56万个）。去除设市县级城市的人口和村镇人口到城市务工人员的数量，全国生活在村镇的人口超过8亿人。长期以来，我国一直主要是农耕社会，农村产生的废水（主要是人禽粪便）和废物（相当于现在的餐厨垃圾）都需要完全回用，但现有农村的环境问题有其特殊性，农村人口密度相对较小，而空间面积足够大，在有限的条件下，这些污染物，实际上确是可循环利用资源。

随着农村居民生活消费水平的提高，各种日用消费品和卫生健康药物等的广泛使用导致农村生活垃圾、污水逐年增加。大量生活垃圾和污水无序丢弃、随意排放或露天堆放，不仅占用土地，破坏景观，而且还传播疾病，污染地下水和地表水，对农村环境造成严重污染，影响环境卫生和居民健康。

生活垃圾、生活污水、病死动物、养殖污染、饮用水、建筑废物、污染土壤、农药污染、化肥污染、生物质、河道整治、土木建筑保护与维护、生活垃圾堆场修复等都是必须重视的农村环境改善和整治问题。为了使农村生活实现现代化，又能够保持干净整洁卫生美丽的基本要求，就必须重视科技进步，通过科技进步，避免或消除现代生活带来的消极影响。

多年来，国内外科技工作者、工程师和企业家们，通过艰苦努力和探索，提出了一系列解决农村环境污染的新技术新方法，并得到广泛应用。

鉴于此，我们组织了全国从事环保相关领域的科研工作者和工程技术人员编写了本套丛书，作者以自身的研发成果和科学技术实践为出发点，广泛借鉴、吸收国内外先进技术发展情况，以污染控制与资源化为两条主线，用完整的叙述体例，清晰的内容，图文并茂，阐述环境保护措施；同时，以工艺设计原理与应用实例相结合，全面系统地总结了我国农村环境保护领域的科技进展和应用技术实践成果，对促进我国农村生态文明建设，改善农村环境，实现城乡一体化，造福农村居民具有重要的实践意义。

赵由才
同济大学环境科学与工程学院
污染控制与资源化研究国家重点实验室
2018 年 8 月

前　言

当前是建设新农村的关键阶段，农村大量建筑垃圾随意倾倒的后果是严重的，不仅影响了卫生整洁、破坏村容环境，还破坏了耕地。一些农户将建筑垃圾堆放在自家的承包地里且未进行复垦，任其荒草杂生侵蚀风化，这样一来，垃圾与耕地分争了资源。建筑垃圾一般不能直接被利用，其中还含有对生物有害的物质，在一定程度上破坏了土壤的肥力。农村建筑垃圾的处置日益成为新农村建设不可忽视的社会问题，如何解决好农业经济发展、农民致富与环境效益之间的关系，是现阶段新农村建设中的重要问题。

目前我国对新农村建筑垃圾没有明确的定义，简而言之，新农村建筑垃圾就是在我国新农村建设中的建筑施工过程产生的垃圾，按照来源可分为土地开挖垃圾、道路开挖垃圾、旧建筑物拆除垃圾、建筑工地垃圾和建材生产垃圾五类，主要由渣土、砂石块、废砂浆、砖瓦碎块、混凝土块、沥青块、废塑料、废金属料、废竹木等组成。与城市垃圾相比，农村建筑垃圾具有量大、无毒无害和可资源化率高的特点。绝大多数农村建筑垃圾是可以作为再生资源重新利用的，如废金属可重新回炉加工制成各种规格的钢材；废竹木、木屑等可用于制造各种人造板材；碎砖、混凝土块等废料经破碎后可代替砂石直接在施工现场利用，用于砌筑砂浆、抹灰砂浆、浇捣混凝土等，也可经破碎、筛分、分选后成为不同粒径的再生骨料，制作无机混合料、混凝土砌块等再生建材产品。

自 2008 年以来，我国建筑垃圾的处理及资源化发展较快，相关部

门相继颁布实施了一系列的与建筑垃圾处理及资源化相关的导则、标准及规范，如《建筑垃圾处理技术规范》（CJ 134—2009）、《混凝土和砂浆用再生细骨料》（GB/T 25176—2010）、《混凝土用再生粗骨料》（GB/T 25177—2010）、《再生骨料应用技术规程》（JGJ/T 240—2011）、《循环再生建筑材料流通技术规范》（SB/T 10904—2012）、《道路用建筑垃圾再生骨料无机混合料》（JC/T 2281—2014）。2015 年，中国建筑垃圾资源化产业技术创新战略联盟提出，“十三五”期间我国建筑垃圾资源化的目标和重点任务是：充分发展建筑垃圾资源化产业，同时不断完善对建筑垃圾处理利用的法律法规和制度体系，大中城市建筑垃圾资源化利用率预期达到 60%，其他城市预期达到 30%。随着我国新农村建设的不断推进，农村建筑垃圾的资源化利用率将以小城市为目标逐步靠近。可以预料，随着建筑垃圾资源化管理制度和标准体系的完善，我国的建筑垃圾资源化将进入快速发展的阶段。而在这方面，日本、美国、德国等工业发达国家的先进经验和处理方法值得我们借鉴，这些国家大多实行的是“建筑垃圾源头削减策略”，即在建筑垃圾形成之前，就通过科学管理和有效的控制措施将其减量化，对于产生的建筑垃圾则采用科学方法使其资源化。

本书结合作者对相关领域的最新研究成果，以 7 个章节的篇幅阐述了农村建筑垃圾综合处理与资源化利用技术的发展现状、应用前景及面临的挑战。第 1 章绪论，主要介绍农村建筑垃圾来源、分类、组成、特性，同时指出了新农村建筑垃圾的现状和危害；第 2 章新农村建筑垃圾的收运管理系统，主要包含建筑垃圾的收运和管理体系的现状问题以及国内外建筑垃圾收运管理体系的案例等；第 3 章建筑垃圾预处理技术及设备，主要内容包括预处理使用到的设备，如破碎机、筛分机、磁选机、风选机、破包机等，以及主要用到的原理；第 4 章建筑垃圾资源化利用技术及设备，包括资源化的主要技术和主要用到的设备及资源化产品的工程应用；第 5 章固定式建筑垃圾资源化处理厂，主要内容包含建筑垃圾资源化处理厂的选址、建设规模、环境分析、工艺流程设计、运营及管理等；第6章建筑垃圾填埋场，主要内容包含填埋场的选址、建设规模、环境分析、填埋场的运营及管理等；第7章总结与建议。

本书可供从事建筑垃圾处理技术研发工作的科研人员，从事农村建筑垃圾处理的投资建设、工艺设计、运营管理的工程技术人员以及高等院校环境工程专业师生参考。

由于作者水平有限，且农村建筑垃圾处理与资源化涉猎面较广，相关技术的研究还在不断更新和完善中，书中存在不足和疏漏之处，敬请读者批评指正。

作者

2019年5月

目　　录

1 绪　　论

当前是新农村建设的关键阶段，农村建筑垃圾随意倾倒的后果是严重的，不仅影响了卫生整洁、破坏村容环境，还破坏了耕地。一些农户将建筑垃圾堆放在自家的承包地里且并未进行复垦，任其荒草杂生侵蚀风化，这样一来，垃圾与耕地分争了资源。建筑垃圾一般不能直接被利用，其中含有对生物有害的物质，在一定程度上破坏了土壤的肥力。农村建筑垃圾的处置日益成为新农村建设中不可忽视的社会问题，如何解决好农业经济发展、农民致富与环境效益之间的关系，是现阶段新农村建设中的重要内容。

1.1　建筑垃圾分类及组成

1.1.1　建筑垃圾的分类

根据《城市建筑垃圾和工程渣土管理规定》，建筑垃圾是指建设、施工单位或个人对各类建筑物、构筑物等进行建设、拆迁、修缮及居民装饰房屋过程中所产生的余泥、余渣、泥浆及其他废弃物。按照来源分类，建筑垃圾可分为土地开挖、道路开挖、旧建筑物拆除、建筑施工和建材生产垃圾五类，主要由渣土、碎石块、废砂浆、砖瓦碎块、混凝土块、沥青块、废塑料、废金属料、废竹木等组成。

建筑垃圾可根据其来源、物理组成和可利用性进行分类，分别归类为建筑垃圾来源分类法、物理成分分类法和可利用性分类法。

1.1.1.1　建筑垃圾来源分类法

这种分类方法是根据建筑垃圾的产源地进行分类，主要用于建筑垃圾管理研究。如制订建筑工地管理、建筑渣土运输、处置及废旧物质的回收利用、建筑废弃物的再生利用办法等。建筑垃圾来源分类详见表1-1。

表1-1　建筑垃圾来源分类

序号	类别	特征物质	特　点
1	基坑弃土	弃土分为表层土和深层土	产量大，物理组成相对简单，产生时间集中，污染性小

续表 1-1

序号	类别	特征物质	特　点
2	道路及建筑等拆除弃物	沥青混凝土、混凝土、旧砖瓦及水泥制品、破碎砌块、瓷砖、石材、废钢筋、各种废旧装饰材料、建构筑件、废弃管线、塑料、碎木、废电线、灰土等	其物理组成与拆除物的类别有关，成分复杂，具有可利用性和污染性强双重属性
3	建筑弃物	主要为建材弃料，有废砂石、废砂浆、废混凝土、破碎砌块、碎木、废金属、废弃建材包装等	建筑弃物的产生伴随整个施工过程，其产生量与施工管理和工程规模有关
4	装修弃物	拆除的旧装饰材料、旧建筑拆除物及弃土、建材弃料、装饰弃料、废弃包装等	成分复杂，可回收和再生利用物较多，污染性相对较强
5	建材废品废料	建材生产及配送过程中生产的废弃物料、不合格产品等	其物理组成与产品相关，可通过优化生产工艺和提高生产管理水平减少产生量

1.1.1.2　物理成分分类法

这种分类方法是根据建筑垃圾的物理成分进行分类，主要用于建筑垃圾污染治理和综合利用研究。建筑垃圾物理成分分类详见表 1-2。

表 1-2　建筑垃圾物理成分分类

序号	类别	污染特性	处置和利用
1	弃土	主要表现在扬尘和占用大量土地，影响村容村貌	可采用直接填埋处置法。多用于填坑、覆盖、造景等
2	混凝土碎块	有一定的化学污染，有扬尘、影响村容村貌	不可直接填埋法处置，可再生利用
3	废混凝土	有一定的化学污染，有扬尘、影响村容村貌	不可直接填埋法处置，可再生利用
4	废砂浆	有一定的化学污染	不可直接填埋法处置
5	沥青混凝土碎块	有一定的化学污染，有扬尘、影响村容村貌	不可直接填埋法处置，可再生利用
6	废砖	主要表现在扬尘和占用大量土地，影响村容村貌	可采用直接填埋处置法。可再生利用
7	废沙石	主要表现在扬尘和占用大量土地，影响村容村貌	可采用直接填埋处置法。也可集中存放，作为使用工程备料
8	木材	有一定的生物污染，影响村容村貌	焚烧处理或利用
9	塑料、纸	混入农田影响耕种和作物生长，影响村容村貌	焚烧处理，可再生利用
10	石膏和废灰浆	化学污染强，影响村容村貌	不可直接填埋法处置
11	废钢筋等金属	有一定的化学污染	可再生利用
12	废旧包装	有一定的化学污染	可回收利用和再生利用

1.1.1.3 可利用性分类法

根据建筑垃圾的原有功能和可利用性进行分类，主要为建立建筑垃圾回收利用市场机制及开展综合利用研究服务。建筑垃圾可利用性分类见表1-3。

表1-3 建筑垃圾可利用性分类

序号	类　别	特征物质
1	无机非金属类可再生利用建筑固废	混凝土碎块、废混凝土、废砂浆、废沙石、沥青混凝土、废旧砖瓦、破碎砌块、灰土、石膏、废瓷砖、废石材等
2	有机类可再生利用建筑固废	废旧塑料、纸、碎木等
3	金属类建筑固废	废钢筋等
4	废旧物品	旧电线、门窗、各类管线、钢架、木材、废电器等

1.1.2 建筑垃圾的组成

不同结构类型建筑物所产生的建筑施工垃圾各种成分的含量有所不同，其基本组成一致，主要由土、渣土、散落的砂浆和混凝土、剔凿产生的砖石和混凝土碎块、打桩截下的钢筋混凝土桩头、废金属料、竹木材、装饰装修产生的废料、各种包装材料和其他废弃物等组成。

不同结构形式的建筑工地中建筑施工垃圾的组成比例和单位建筑面积产生垃圾量。调查表明，建筑施工垃圾主要由碎砖、混凝土、砂浆、桩头、包装材料等组成，建筑垃圾粉碎设备约占建筑施工垃圾总量的80%。建筑施工垃圾的组成比例和单位建筑面积产生的垃圾量见表1-4。

表1-4 建筑施工垃圾的组成比例和单位建筑面积产生的垃圾量

垃圾组成	施工垃圾组成比例/%		
	砖混结构	框架结构	框架-剪力墙结构
碎砖（碎砌块）	30~50	15~30	10~20
砂浆	8~15	10~20	10~20
混凝土	8~15	15~30	15~35
桩头	—	8~15	8~20
包装材料	5~15	5~20	10~15
屋面材料	2~5	2~5	2~5
钢材	1~5	2~8	2~8
木材	1~5	1~5	1~5
其他	10~20	10~20	10~20
合计	100	100	100
单位建筑面积产生施工垃圾的数量 /$kg \cdot m^{-2}$	50~200	45~150	40~150

对不同结构形式的建筑工地，垃圾组成比例略有不同，而垃圾数量因施工管理情况不同各工地差异很大。砖混结构的建筑，建筑垃圾处理设备施工时形成的建筑垃圾主要由落地灰、碎砖头、混凝土块（包括混凝土熟料散落物）、废钢筋、铁丝、木材及其他少量杂物等构成，而落地灰、碎砖头、混凝土块在废渣中占90%以上。

旧建筑物拆除垃圾的组成与建筑物的种类有关，在废弃的旧民居建筑中，砖块、瓦砾约占80%，其余为木料、碎玻璃、石灰、黏土渣等；在废弃的旧工业、楼宇建筑中，混凝土块约占50%～60%，其余为金属、砖块、砌块、塑料制品等。

1.2 农村建筑垃圾的定义及特性

建筑垃圾是，指人们在从事拆迁、建设、装修、修缮等建筑业的生产活动中产生的渣土、废旧混凝土、废旧砖石及其他废弃物的统称。按产生源分类，建筑垃圾可分为工程渣土、装修垃圾、拆迁垃圾、工程泥浆等；按组成成分分类，建筑垃圾中可分为渣土、混凝土块、碎石块、砖瓦碎块、废砂浆、泥浆、沥青块、废塑料、废金属、废竹木等。

农村建筑垃圾特指在新农村基础设施建设及发展过程中产生的建筑垃圾，约占垃圾总量的30%～40%。在我国大部分农村地区，农村的建筑物大致有以下几种类型：（1）单层平房；（2）双层楼房；（3）预制板房；（4）普通瓦房；（5）土坯房等。

以上几种建筑形式，在拆除过程中会产生相应的建筑废弃物，按建筑材料种类可将其分为：（1）混凝土材料；（2）砖瓦废料；（3）其他废料。

受地区经济发展水平的限制，各新农村建设试验点产生的建筑垃圾在主要组成成分及排放量上都有所不同，但大体上相差不大，主要为废弃混凝土、废砖瓦和渣土，新农村建筑垃圾类别及其性质见表1-5。

表1-5　新农村建筑垃圾类别及其性质

类别	特点	污染特性	可利用性
废弃混凝土、碎块及破碎砌块	含大量水化硅酸钙和氢氧化钙，直接填埋污染地下水	有一定的化学污染、扬尘，影响村容村貌	不可直接填埋，可再生利用
废砖、瓦	多为天然黏土制成，少数含水化硅酸钙，体积较大	扬尘和占用土地，影响村容村貌	可直接填埋，可再生利用
沥青混凝土碎块	沥青可能含有苯并芘，扬尘、有刺激性	有一定的化学污染，有扬尘，影响村容村貌	不可直接填埋，可再生利用
废砂石	颗粒较轻，有风时可污染空气	扬尘和占用土地，影响村容村貌	不可直接填埋处置

续表 1-5

类别	特点	污染特性	可利用性
废砂浆	含有水化硅酸钙和氢氧化钙等，直接填埋污染地下水	有一定的化学污染	不可直接填埋处置
碎木及木材	着火点低，易腐蚀，具有吸湿性，易虫蛀	有一定的生物污染，影响村容村貌	焚烧处理及利用
弃土	量大，物理组成较简单，产生时间集中、污染性小	扬尘和占用土地，影响村容村貌	可直接填埋，多填坑、覆盖等
石膏和废灰浆	含大量 SO_4^{2-}，厌氧条件下会转化为 H_2S 气体	化学污染严重，影响村容村貌	不可直接填埋处置
废金属构件等金属	潮湿空气中易被氧化，析出金属离子	有一定的化学污染	可回收利用和再生利用
废砖瓦、玻璃等	成分稳定，多有尖锐棱角	占用土地，影响村容村貌	不可直接填埋，可再生利用
塑料、纸等	含有难以降解的高分子聚合物材料，较轻，容易转移	混入农田影响耕种和作物生长，影响村容村貌	焚烧处理及利用
废弃管线、门窗、废电器等	成分复杂	有一定的化学污染，占用土地，影响村容村貌	可回收利用和再生利用
涂料、油漆等	含有难以降解的高分子聚合物材料和重金属元素	有一定的化学污染	不可回收利用
装修产生的废料、废旧包装	成分复杂	有一定的化学污染	可回收利用和再生利用

1.3 新农村建设中建筑垃圾污染现状与问题

新农村建设中建筑垃圾污染现状与问题如下：

（1）处理方式单一，农村交通道路及耕地受到威胁。由于施工单位或个人集体环保认识不足且个人利益观念较强、监管力度弱、缺乏强制性手段和政策性扶持、责任主体不明确、缺乏技术支持、消纳设备不足等原因，在农村的道路、农田等露天空地堆放或填埋成为建筑垃圾处理的最佳选择。大量建筑垃圾的输入，使农村交通道路及耕地受到严重威胁。

（2）受纳量大，来源以城市建筑垃圾为主。在建筑的施工过程中，仅建筑垃圾就会产生 500~600 吨/m^2；而拆除的旧建筑将产生 7000~12000 万吨/m^2 建筑垃圾。据有关部门预测，我国每年 20 亿平方米以上的工程建设将持续 10~15 年，同时每年会产生约 6 亿吨的建筑垃圾。目前，我国每年产生的建筑垃圾中有 90%未经处理即被施工单位运往露天空地多的农村填埋处理。新农村建设中建筑垃圾来源包括两个方面：1）新农村发展中自身产生的垃圾。随着新农村建设的加进，农村已经逐渐告别屋架房，逐渐建起平房及二层楼房；钢筋水泥、节能砖、铝合金、塑料、不锈钢等建材逐渐取代了以前使用的土坯、砖瓦、木材材料等，为农村带来了新型建筑垃圾。2）城市化基础设施建设产生的建筑垃圾的转移，这也是农村建筑垃圾的主要来源。

（3）资源化处理率很低，但新农村建设急需大量建筑资源。建筑垃圾中的许多废弃物经分拣、剔除或粉碎后，大多可以作为再生资源重新利用，如废钢筋、废铁丝、废电线和各种废钢配件等金属，经分拣、集中、重新回炉后，可以再加工制造成各种规格的钢材。如此具有再利用优势的资源库资源化处理率几乎为零。虽然新农村建设已取得一定的成效，但相对于日新月异变化的城市面貌，广大农村的建设步伐却显得非常滞后。2010 年，住建部对全国农村住宅危房情况进行了摸底，在湖北、重庆两个省、市的调查结果中，许多村民还住在六七十年代修建的土坯房中，有些房屋甚至是新中国成立前的；交通水利系统很不完善，大多已年久失修，制约了农村社会和经济的发展。基本建设的投入非常不均衡，城乡资源分配不协调，农村地区建材资源紧缺，限制了新农村建设的进度。

1.4 建筑垃圾对新农村建设的环境影响

目前，农村生活垃圾的处理按照“户分类、村收集、乡转运、县处理”模式已经得到了很好解决，然而建筑垃圾却鲜有问津。

一开始，建筑垃圾被倾倒在一些田间沟畔甚至废弃的机井和截留的河堤里。几年过去，这些地方已经填满，越来越多的人把建筑垃圾直接倾倒在乡村道路的路沿上，甚至直接倾倒在水渠里，成了一道难以入眼的“煞景”。

建筑垃圾对新农村建设的环境影响主要表现在以下方面：

（1）污染空气质量和农村水资源，危害村民健康。在温度、水分等综合作用下，某些有机物质如油漆、沥青等发生分解产生有害气体；一些腐败的垃圾散发出阵阵腥臭味，给村民带来嗅觉恶性刺激，垃圾中的细菌、粉尘随风飘散，造成对空气的污染；少量可燃建筑垃圾在焚烧过程中又会产生有毒的致癌物质，造成对空气的二次污染，直接影响村民健康。建筑垃圾在露天堆放和填埋过程中，垃圾渗滤液会造成周围地表水和地下水的严重污染。

垃圾堆放场对地表水体的污染途径主要有：1）垃圾在清运过程中散落在堆放场附近的水塘、水沟、农田等水体中；2）垃圾堆放场淋滤液在地表径流，流入地表水体中；3）垃圾堆放场中淋滤液通过土层渗到附近地表水体中。

建筑垃圾堆放场对地下水的污染则主要是垃圾污染随着淋滤液渗入含水层，其次由受垃圾污染的河湖坑塘渗入补给含水层造成深度污染。垃圾渗滤液内不仅含有大量有机污染物，且还含有大量金属和非金属污染物，水质成分十分复杂。一旦饮用这种受污染的水，将会对村民人体健康造成很大的危害。

（2）降低土壤质量及土壤结构，影响农作物质量。建筑垃圾经历长期的日晒雨淋后，垃圾中的有害物质（其中包含有城市建筑垃圾中的油漆、涂料和沥青等释放出的多环芳烃化合物）通过垃圾渗滤液渗入土壤层中，从而引发一系列物理、化学和生物反应，如沉淀、过滤、吸附，或被植物根系吸收或为微生物合成吸收，造成土壤的污染，从而降低了土壤质量，影响了农作物的质量，间接危害人体健康。

（3）侵占道路和农村公共用地，影响乡村美观。大部分农村建筑垃圾及部分城市建筑垃圾被露天堆放在公路旁或河田边等公共场所，成为新农村建设的一个个“污点”。

（4）堆放随意，存在安全隐患。目前，我国建筑垃圾堆放具有很大的随意性，存在很多安全隐患，崩塌现象时有发生，这无疑对以老人和小孩居多的农村是一个潜在的人身威胁；堆放在公路旁的建筑垃圾给交通带来诸多不便，甚至会引发交通事故。

（5）建筑垃圾无法作为地基使用，农村建筑修建可用地减少。如果缺乏规划，被填埋的建筑垃圾根本无法作为地基使用，填埋区域的地表会产生沉降和下陷，要经过相当长的时间才能达到稳定状态。农村建筑修建可用地减少，到时不得不在被建筑垃圾填埋的土地上进行建设，建筑成本将大大提高。

1.5 新农村建设中建筑垃圾污染的改善对策

新农村建设中建筑垃圾污染的改善对策如下：

（1）完善建筑垃圾处理相关法律法规，明确责任，协调分工。

1）尽快出台一套系统的、完善的城乡适用的法律法规。我国要尽快制订完善适合城市和农村使用的建筑垃圾循环利用法律法规。我国于2005年6月1日起实行的《城市建筑垃圾管理规定》规定了建筑垃圾处置的必要性，实行三化即“减量化、资源化、无害化”以及“谁产生、谁承担处置责任”的原则，鼓励综合利用废弃建材资源。但我国还未制定城乡均适用且涉及建筑垃圾的资源化和循环利用的法律法规。日本在1991年制定了《再生资源利用促进法》，2000年制定了《建筑工程用资材再资源化等有关法律》，并在2002年全面实施该法，取得了显著效果，1995年综合利用率达58%，最终填埋量为4100万吨，2005年为92%，最终填埋量为减至600万吨。健全的法律法规使执法者在管理执法过程中做到有法可依，加强建筑垃圾处理效果。因此我国各级政府应在借鉴国外先进管理经验的基础上，结合我国国情以及当地实际情况，制定出一套符合我国城乡建设、更详细、更完备的法律法规来达到建筑垃圾的资源化处置以及循环利用。

2）责任明确，各方协调，促进城市及农村可持续建设。建筑垃圾的处理及管理体系涉及部门及单位多，如建设局、规划局、城管局、环保局及交通局等，相关职能部门分工不清晰，存在交叉错位或缺位管理，部门间缺乏有效综合协调，导致监管不力、城市地区设施建设重复而农村地区建设落后、处理技术不合理等不良影响。因此，各有关部门应明确责任，各方协调分工，促进城市及农村可持续建设，减少建筑垃圾的产量，提高建筑垃圾的综合利用效率，将建筑垃圾的产生、收集、堆放、再生、利用全过程管理落到实处。

3）加强政府依法执行力度，减少建筑垃圾处理的随意性。加强政府依法执行力度，尤其是监督执法力度，做到有法必依、违法必究，坚决杜绝建筑垃圾随意排放、大量排放和低水平再生利用，减少建筑垃圾处理的随意性，促使建筑垃圾资源化由行政强制逐渐成为全社会的自觉行为。

（2）加大环境保护及再生资源利用宣传教育力度，帮助村民转变思想观念。建筑施工单位及个人环保意识不够、认识不足是农村建筑垃圾零处理的一个重要原因。因此应加强可持续性发展、垃圾资源化、环境友好型社会等理念在施工单位及农村的宣传，普及建筑垃圾排放所引起的环境污染、生态破坏、危害人体健康等知识的教育，将“变废为宝”的理念植根于人们的思想中，帮助人们在思想中把“垃圾”转变成“宝贵资源”。

（3）政府扶持建筑垃圾处理和利用产业，解除该类产业的后顾之忧。

1）政府在政策层面上给予再生建材买卖双方支持。建筑垃圾资源化的生产企业及购买商家急需政府给予政策上的优惠支持，在生产企业方面可以实行贷款优惠、税收减免、采购优先、免费提供产品宣传平台、奖励推广先进技术等政策，使再生建材与天然建材成本相比，将会具有更强的竞争力。可以为产品购买者提供税收减免、特批用地等政策，解决建筑垃圾资源化企业难融资、产品难推广等问题。

2）政府加大综合利用建筑垃圾的技术研发和投产。成熟的技术能保证垃圾综合利用企业专业化，提高该类产品的核心竞争力。政府应加大资金投入力度开发和推广资源化处理建筑垃圾的新技术和新工艺，推出建筑垃圾综合利用产品使用方面的设计、施工规范和指导，加大综合利用建筑垃圾的技术研发和投产。

（4）从源头上控制建筑垃圾的产生，从总量上减少农村地区的输入量。

1）强化规划，减少重复施工。建筑垃圾中因老旧城区拆迁和市政工程动迁产生的建筑垃圾约占建筑垃圾总量的75%以上，在城市中经常见到道路隔不多长时间就被挖开埋设一些管道，一些建筑建成一两年后就被拆除，这都产生很多建筑垃圾，并形成资源的浪费。因缺少规划，每年因不同部门的不同市政工程而经常导致重复施工，产生大量建筑垃圾，而这部分垃圾可以通过强化市政规划而避免产生。

2）找准建筑垃圾产生的主要动因，延长建筑物使用寿命。城市化的大跃进是建筑垃圾产生的主要动因，延长建筑物使用寿命是一个很有效的建筑垃圾减量化的途径。一方面，很多老旧城区的建筑并未到达50年的标准使用寿命，可以通过内部改造的方式完成城市化所需要的功能置换，如将一条历史街区的住宅区转化为商业区。另一方面，我国建筑的平均寿命为35年，与之相比，发达国家建筑如英国的平均寿命达132年，而美国的建筑寿命也达74年，可以借鉴其他国家的技术，延长建筑物使用寿命。

3）大力推广新技术和新工艺，并使用环保型建筑材料，提倡实行绿色建设。大力推广新技术和新工艺，全面推广应用预拌混凝土和预拌砂浆等，采用先进的施工工艺，倡导整体浇筑、整体脱模，以减少施工期间建筑垃圾的产生。使用环境友好型建材，易降解易处理，间接减少垃圾量。

（5）加强建筑垃圾资源化利用，促进新农村建设。

1）变废为宝，建筑垃圾搭建农村新房。

① 砖、石、混凝土等可制作建材制品。砖、石、混凝土等废料经粉碎后、分选成粗细骨料，全部或部分替代天然骨料来配制混凝土，可以替代砂，用于砌筑砂浆、抹灰砂浆、打混凝土垫层等，还可以用于制作砌块、铺道砖、花格砖等建材制品；再生混凝土的气孔率大，具有较好的保温性能，同时，由于其自重低，有利于降低结构自重，提高构件的抗震性能。

② 经清理后的废砖瓦可以重新使用。废瓷砖、陶瓷洁具经破碎分选、配料压制成型可生产透水地砖或烧结地砖。

③ 金属可再加工成钢材。金属（如：钢门窗、废钢筋、废铁丝、铁钉、铸铁管、黑白铁皮、废电线和各种废钢配件等）经分拣、集中、重新回炉后送至钢铁厂或有色金属冶炼厂回炼，可以再加工制造成各种规格的钢材。

④ 废竹木材则可以用于制造人造木材。木门窗、木屋架等木制品可重复利用或经加工再利用，或用于制造中密度纤维板。

⑤ 废玻璃可做原料。废玻璃筛分后送至玻璃厂或微晶玻璃厂做原料生产微晶玻璃或玻璃。

2）来源充足，建筑垃圾为新农村改善水利设施。2010年的“一号文件”（《中共中央国务院关于加快水利改革发展的决定》）明确提出“把水利作为国家基础设施建设的优先领域，把农田水利作为农村基础设施建设的重点任务”，要大兴农田水利建设。土渠硬化是农田水利设施重建的好办法，但我国的农业用水从水库到田间要经过干、支、斗、农、毛五级渠道，势必又会消耗大量的混凝土，与我国混凝土资源短缺相矛盾，而再生混凝土可以很好地解决上述矛盾。将废旧的水泥混凝土经过简单的筛选，再加入一定比例的粉煤灰，制成再生混凝土。如在其中掺加10%的粉煤灰，使得再生混凝土的干缩应变与普通混凝土接近，同时抗硫酸盐侵蚀性及抗渗透性也有很大改善。此种混凝土应用于土渠硬化，不仅价格低廉，而且能提高其抗渗性及抗酸性。每年输入农村的垃圾达数亿吨，来源充足，可以为农村大批水利设施建设提供资源保障。

3）循环利用，建筑垃圾奠基新农村道路。“村村通公路”工程是推进新农村建设利国利民的民心工程，是新农村建设的重要条件和基础设施之一。要实现“村村通公路”，筑路材料资源需求量很大。利用废弃建筑混凝土和废弃砖石经加工、粉碎后生成混凝土集料。再生混凝土的弹性模量较低，一般约为基体混凝土的70%~80%；若弹性模量低，则变形能力大，因此再生混凝土具有较好的延伸性，再生混凝土抗裂性优于基体混凝土。由此可见，再生混凝土的性能能够满足公路施工要求，可用于公路路面基层。渣土可用于筑路施工，该材料的强度高，并具有良好的水稳性，能满足路基填料的要求。通过循环利用，建筑垃圾奠基新农村道路。

4）保护环境，建筑垃圾堆为农村造林造景。建筑垃圾占用了农村大量空地，使农村失去美观，而如果对建筑垃圾加以充分的利用，建筑垃圾可以变污为美，为农村增添新的亮点。不可用于再生的建筑垃圾中的弃土，以回填、复垦、覆土绿化方式进行造林，及时恢复绿色生态环境；同时可通过工程渣土堆高，进行堆山造景，如上海外环线绿带项目都取得了较好的效果。

新农村建筑垃圾的收运管理系统

2.1 建筑垃圾收运系统

2.1.1 收运系统的现状及存在的问题

随着我国经济的高速发展，在国家政策的号召下，全国新农村建设如火如荼地开展起来。然而，新农村建设过程中产生了大量的垃圾，尤其以建筑垃圾居多。据统计，每1万方的建筑施工中，会产生500~600t建筑垃圾，而每10万方的建筑垃圾至少需要6万平方米的堆放场地，占用了大量的土地，预计到2020年将 达50亿吨左右。建筑垃圾一般不可能通过直接变卖来创造价值，这些无法直接获取价值的垃圾，如果处理不当，势必会威胁到农村的生态环境。

虽然我国相关政策要求建筑工程从设计到施工必须要抑制建筑垃圾的产生、充分利用建筑垃圾的价值以及对建筑垃圾妥善的处理，但目前仍有大量建筑垃圾产生。我国的建筑废弃物绝大部分是运到郊区堆放或是稍经处理进行填埋。目前，我国农村关于建筑垃圾的收运体系尚未建立完善，在新农村建设中产生的大量建筑垃圾中的绝大部分未经任何处理，直接露天堆放或填埋，既污染大气、水、土壤，传染疾病，又影响人类健康和村容整洁。城市化发展的不断增长、新农村的建设发展加快，导致大量的建筑施工垃圾不能得到妥善的处理。

建筑垃圾的收集形式大致可以分为混合收集和分类收集两类，而运输方式分有：（1）直运模式，收运单位直接到建筑垃圾产生点收集运输至建筑垃圾消纳场所；（2）转运模式，产生单位把建筑垃圾运送至指定的临时堆场，然后外运至消纳场所。但更多的农村建筑垃圾未建立收运体系，非法倾倒是目前在农村建筑垃圾收运的主流模式，该模式在城市虽然不多，但仍然大量存在农村，简易填埋也是农村采用的主要处理方式，农村中的池塘、沟渠、空地则往往成了垃圾的临时堆放地，加上农村生活垃圾的混入，一旦遇到下雨或大风天气，污水污染物四溢。对建筑垃圾进行收集运输的地方少之又少。但也有建筑垃圾收运情况较好的地区，例如上海、海南等城市先后出台了建筑垃圾管理办法，垃圾的收集、运输环节管理已经走上正轨。

利用收运系统可以将农村建设发展中所产生的无害建筑垃圾可以用于堆山、改变地形。这种方式既可以解决建筑垃圾占地的问题，减轻环境负担，还能够改善地形增强其空间感。这一应用的实际项目有很多，其中非常著名的慕尼黑奥林匹克公园、拜斯比公园，等等。

新农村建设试验点产生的建筑垃圾在主要组成成分及排放量上都有所不同，但大体相差不大，主要为废弃混凝土、废砖瓦和渣土。

随着建筑垃圾产生量逐年增长，如果还不完善建筑垃圾收运体系不仅造成巨大的资源浪费，并使得环境问题更为突出。由于缺乏有效的政策引导与相应配套的政策支持，我国建筑垃圾收集运输率非常低，而发达国家的建筑垃圾收运率超过 90%。与发达国家相比，我国建筑垃圾收运体系还有相当大的差距。同时，农村建设在经济迅速发展的压力下对材料的需求急剧增加，回收再利用建筑垃圾将成为一种趋势。近年来，我国虽然已经有部分企业涉足建筑垃圾收运产业，但是企业数量少，力量薄弱，而且收运行业市场认知度低。无论是从经济的角度还是从环保的角度，推动建筑垃圾收集运输产业的发展已经刻不容缓。

目前，我国在新农村建设当中所面临的收运问题如下：

（1）收运模式不合理。目前已开展环卫收运的乡镇农村垃圾收运模式相对比较单一，基本以“户分类、村收集、乡转运、县处理”为主。将农村垃圾全部集中收集运输至城市处理本身就存在问题，一是致使不堪重负的城市垃圾处理设施处理能力严重不足；二是由于农村分布相对分散，距离城市运距较远，运输经费特别高，致使经费不足的农村垃圾处理体系无法正常运转。

（2）转运设施缺乏规划，布局不合理。例如，某镇垃圾中转站建成后，由于位置设置不合理，中转反而不如直接运输经济方便，建成后运行不久就闲置起来。

（3）转运设施未实现密闭环保，二次污染严重。部分转运设施未采取密闭措施，作业质量较低，存在冲洗水积存、臭味四溢、噪声扰民现象，影响周边居民生产生活。

（4）运营经费不足，部分收运设施闲置。部分已展开环卫收运设施建设的农村由于运营经费不足，不仅无法支付司机人员工资，甚至不能维持日常油耗和维修，导致车辆闲置。

2.1.2 问题的原因分析

2.1.2.1 建筑垃圾成分复杂，分类回收难度大

根据对建筑垃圾成分的分析，可以知道不管是哪种主体结构，建筑垃圾都是含有多种成分的混合物。建筑物本身构成的成分种类很多。在施工或拆除建筑物的过程中，就造成建筑垃圾的成分复杂且混合在一起。如果仅仅只含有一种成分，那么建筑垃圾就不是垃圾，可能成为一种重要的资源。如果能把建筑垃圾分开类别，那么就可以变垃圾为资源，解决建筑垃圾引起的各种危害问题。

但在目前的实际中，建筑垃圾的分类回收难度大。首先，在没有约束及激励体制的情况下，施工及拆除单位只会采取最简单高效的方式完成自己既定的任务。这些企业不会也没有精力去考虑建筑垃圾的管理问题。其次，施工及拆除企业的工人整体素质不高。这就面临着，整个相关企业达不到较高的认识程度，不能自觉履行整个社会赋予他们的责任。最后，由于建筑物本身成分的复杂性以及拆除工作的简单化，决定了建筑垃圾成分复杂，分类回收难度大。否则就需要增加拆除步骤，这对于以盈利为目的的企业来说，更是无从谈起，得不到应有的重视。

其实如果这些企业能够在建筑垃圾产生的时候投入较少的费用进行简单的分类，那么对于后续相关企业能省下较大的一笔费用。对于政府来说，这样有利于增加社会财富。

2.1.2.2 缺乏理论先导

长期以来，我国农村建设，始终处在粗放型的发展阶段，而未将建立一个环境友好型、资源节约型的美丽农村作为重要目标纳入发展规划。所谓理论是实践的一面旗帜，缺乏农村建设应以环境优先为前提，鼓励农村建筑垃圾源头分类、运输规范为先导，以尽快建立完善的收运系统为最终目标。

2.1.2.3 政策导向不明确

目前，农民参与建筑垃圾资源化利用的积极性普遍低下。主要原因：

（1）法律法规不完善。现今，国内现行的法律中既没有关于建筑垃圾收集或是运输的相关法规，也缺乏针对建筑垃圾收集、运输的管理办法，使得建筑垃圾回收利用处于一种被动和比较落后的状态，造成大量的建筑垃圾得不到有效的收集、运输，加大了资源损耗和环境治理难度。

（2）技术标准不完善。当前，村民对建筑垃圾回收的认同度不高，许多人想当然地认为建筑垃圾再生制品品质差，没有原始材料生产出来的产品好，对再生制品持反感、抵制的态度，造成再生产品的销售和利用情况举步艰难。

（3）缺乏政策扶持。对于企业来讲，企业在决定废弃物是否回收还是作为垃圾直接排放时，考虑的首要因素是回收是否能为其带来收益或是降低成本，当回收的净成本低于作为垃圾排放时要支付的成本，企业会选择回收利用。

2.1.2.4 缺乏技术支撑

目前，农村建筑垃圾的处理普遍存在工艺简单、能耗高、噪声扬尘污染严重等问题，再生产品多为再生骨料、再生砖块等，不仅缺乏高附加值，也不易推广。另外，由于缺乏建筑垃圾网络信息互动平台，导致供需信息不对称，资源利用率低。

2.1.2.5　未形成良好的市场运作机制

由于法律法规不完善、缺乏政策的扶持及宣传力度不够等原因，导致建筑垃圾运输收运体系运作无序，建筑垃圾收运体系产业发展受阻，给整个建筑垃圾的收集、运输工作带来了困难。

2.1.2.6　监管力量薄弱

建筑垃圾收运体系的管理工作包括收集、运输两个环节，其涉及文化、管理、政策、法律、技术等多个部门的支持，由于管理对口部门较多，容易产生谁都管，谁都不管的现象，造成管理的混乱，导致监管力量不足。

2.2　建筑垃圾管理系统

2.2.1　管理现状及存在的问题

我国的建筑垃圾管理起步于20世纪80年代末、90年代初，目前不仅范围有限，仅限于一些大城市，而且现有的管理制度、政策、法律和法规仍不够健全；一些地区（包括乡村）的政府或建筑商，仍然对建筑垃圾管理认识不足，管理不善，从而导致乱堆乱弃现象严重，根据相关数据表明，每一万吨的垃圾会浪费大约680m^2的土地。随着新农村发展速度的加快，大量的建筑垃圾正在快速增长，建筑垃圾侵占土地的问题会变得更加严重，随着我国人口、社会和经济建设的快速发展，建筑垃圾的产量将逐年增多，由建筑垃圾引发的环境问题也日渐突出。对建筑垃圾科学管理的重要性也越来越被人们所认识，建筑垃圾的管理工作业从无到有地在逐步推广和深化，建筑垃圾无序化的状态将逐步得到改善。

2.2.1.1　管理体系不健全

由于我国对建筑垃圾的管理尚属起步阶段，所以管理体系方面的空白和空缺很多，现有体制中也还存在一些不合理方面。从建筑垃圾对环境的危害而言，其产生、运输、处置的全过程都应该被列入管理的范畴。同时从资源环境管理的角度出发，还应包括建筑垃圾的循环利用、资源回收等方面的开发和管理。而目前我国的垃圾管理仅处于从城市市容环境卫生的角度出发，解决乱堆乱弃的现象，这是远远不够的。

2.2.1.2　科研投入严重不足

地球上大多数矿物资源都是不可再生资源，作为建筑材料用量最大的水泥及混凝土的原材料资源，也在逐渐减少。因此，对建筑垃圾进行资源化循环利用的

研究是环境保护、经济可持续发展的需要。目前，我国在这方面的科研投入较西欧、美国等工业发达地区和国家相距甚远，而我国在资源短缺问题上，又远远超过了这些国家，这不能不让人为之担忧。

2.2.1.3 法律法规不健全

目前我国关于建筑垃圾管理的法律、法规文件不健全，这在很大程度上削弱了法律效力。在一些地区，建筑垃圾乱堆乱弃等违法、违规现象非常严重。这对于人口日益增多、压力日益增大的我国土地资源来说，无疑是雪上加霜。

现有的法规规章中，有关建筑垃圾管理的定量指标无从查询，最近几年，地方政府也逐渐意识到建筑垃圾产生的危害，加强了对建筑垃圾产生量的管控，建筑垃圾管理平台也进入了人们的视线。现在缺少建筑垃圾环境污染控制方面的行业标准，一般在套用国家大气污染排放标准执行，这给具体的管理工作带来了一定的困难。如：建筑扬尘对城市空气环境产生的影响，究竟应该如何规范、控制；建筑垃圾的产生量是否应有控制指标等。

2.2.1.4 建筑垃圾的再生利用缺乏保证质量的技术规范和标准

建筑垃圾的循环再生利用无疑是垃圾减量化、资源化，经济建设、环境保护与可持续发展的重要方向。然而建筑垃圾由于其自身的特性，与原始建材已有所区别，在结构、强度力学等指标上会有不同程度的降低，因此，适用的范围也应有所区别和限定。目前，在建筑垃圾的预处理、资源化、填埋、运输规范化管理、精细深加工工艺、高效利用技术、主要工艺装备技术标准等各个环节欠缺相关的标准，这在很大程度上限制了建筑垃圾的再利用。

2.2.1.5 政企不分、政事不分及管理与执法混淆

目前，我国建筑垃圾的管理基本沿袭了计划经济时期的模式，即政府的管理职能成为资质审批、事物承办等的具体工作，而应有的法律、法规、计划、政策等制定的宏观管理职能则明显弱化；政府的管理部门常常又同时肩负监督、检查和执法的任务等，这种非正常状态必然会限制管理工作的发展，不容易及时发现问题，及时纠正，也就无法调动各方面的积极性。

2.2.2 建筑垃圾管理的政策

由于建筑垃圾的产生涉及资源利用、能源消耗、生产建设、社会管理等诸多领域，因此其治理属于“公共治理”范畴，需要由政府和企业、个人充分发挥各自的资源、技能优势，共同合作，组成一个体系，制定和遵守科学、完善、有效的治理规则，才能达到建筑垃圾治理的目的。

2.2.2.1　相关法律、法规的制定

国家应制定相关法律、法规，以保护环境、合理使用各类资源为目标，对资源的开采和建筑垃圾的排放进行限制，鼓励建筑垃圾再利用。我国先后出台了一系列与建筑垃圾相关的法律法规，具体如下：

2005 年 4 月 1 日，实施的《中华人民共和国固体废物污染环境防治法》修订版第三条：国家鼓励、支持采取有利于保护环境的集中处置固体废物的措施，促进固体废物污染环境防治产业发展。该条明确了建筑垃圾环境防治行业定位，鼓励集中处置。

2005 年 6 月 1 日，实施的建设部《城市建筑垃圾管理规定》第四条：建筑垃圾处置实行“减量化、资源化、无害化”和“谁产生、谁承担”的处置责任原则。国家鼓励建筑垃圾综合利用，鼓励建设单位、施工单位优先采用建筑垃圾综合利用产品。

2009 年 1 月 1 日，实施的《中华人民共和国循环经济促进法》第三十三条：建设单位应当对工程施工中产生的建筑废物进行综合利用不具备综合利用条件的，应当委托具备条件的生产经营者进行综合利用或者无害化处置。该条明确了建筑垃圾无害化要求，以及建筑垃圾专项收费制度。

2011 年，国家发改委的《“十二五”资源综合利用指导意见》和《大宗固体废物综合利用实施方案》(〔2011〕2919)，把建筑废物列为主要内容之一。

2013 年，国务院发布的《循环经济发展战略及近期行动计划》指出，要“推进建筑废物资源化利用。推进建筑废物集中处理、分级利用，生产高性能再生混凝土、混凝土砌块等建材产品。因地制宜建设建筑废物资源化利用和处理基地。”

2015 年 4 月 14 日，国家发展和改革委员会印发了《2015 年循环经济推进计划》，要求由住房城乡建设部、国家发展改革委、财政部、工业和信息化部推进建筑垃圾资源化利用工作。

2016 年 12 月 29 日，中华人民共和国工业和信息化部、中国住房城乡建设部组织起草了《建筑垃圾资源化利用行业规范条件公告管理暂行办法》。该办法旨在引导建筑垃圾资源化利用行业持续发展。

2017 年 4 月 21 日，发展改革委员会同有关部门制定了《循环发展引领行动》提出将建筑垃圾生产的建材产品纳入新型墙材推广目录。到 2020 年，城市建筑垃圾资源化处理率达到 13%。制订了城市垃圾资源化处理目标。

2.2.2.2　相关政策的制定

制定相关政策要针对建筑垃圾产源地、运输、处置、利用等环节出台管理措

施，建立相关业务的审批制度，建立、引导和规范建筑垃圾市场交易机制，提供建筑垃圾再利用的优惠和保护措施，在城市道路等公共设施建设中，满足施工质量要求的再生产品具有优先使用权等。我国出台了一系列针对建筑垃圾的政策，具体如下：

（1）财政部国家税务总局国家发展改革委财税〔2008〕117号《关于公布资源综合利用企业所得税优惠目录（2008年版）》中把产品原料70%以上利用建筑垃圾列入优惠目录。

（2）2009年1月1日，实施的《中华人民共和国循环经济促进法》第四十六条：省、自治区、直辖市人民政府可以根据本地区经济社会发展状况实行垃圾排放收费制度。收取的费用专项用于垃圾分类、收集、运输贮存、利用和处置，不得挪作他用。对符合国家产业政策的节能、节水、节地、节材、资源综合利用等项目，金融机构应当给予优先贷款等信贷支持，并积极提供配套金融服务。

（3）财政部、国家税务总局《关于调整完善资源综合利用产品及劳务增值税政策的通知》对销售自产的以建（构）筑废物、煤矸石为原料生产的建筑砂石骨料免征增值税。生产原料中建筑废物、煤矸石的比例不低于90%。其中以建（构）筑废物为原料生产的建筑砂石骨料应符合《混凝土用再生粗骨料》（GB/T 25177—2010）和《混凝土和砂浆用再生细骨料》（GB/T 25176—2010）的技术要求。

（4）2015年6月12日，财政部、国家税务总局《关于印发<资源综合利用产品和劳务增值税优惠目录>的通知》（财税〔2015〕8号）指出，纳税人销售自产的资源综合利用产品和提供资源综合利用劳务，可享受增值税即征即退政策。

（5）2015年3月18日，国家发展和改革委员会将建筑废弃物资源化示范项目作为循环经济示范内容和资源综合利用"双百工程"成为节能、循环经济和资源节约重大项目之一。补助标准原则上按东、中、西部地区分别不超过8%、10%、12%，且单个项目最高补助上限为1000万元。

国家在建筑垃圾方面的政策、法规在逐步地完善，针对建筑垃圾的政策也在制定。而农村建筑垃圾管理政策有其特殊之处，需要政府和人民共同努力。

政府在处理农村建筑垃圾上责无旁贷，应及时制定政策予以规范引导，镇村领导也应因地制宜及时设法处理。具体方法可如下：

（1）将农村建筑垃圾作为废弃砖瓦窑、复垦复耕填充物。各乡镇可设法引导村民就近填埋建筑垃圾。个别砖瓦窑由于年久废弃，可作为倾倒建筑垃圾的场所，建筑垃圾作为废弃砖瓦窑等复垦复耕的填埋物，这样一来，复垦平整后的土地还可以作为城乡建设用地增减挂钩的有机补充。

（2）建立农村乡镇建筑垃圾处理机制。建筑垃圾处理有别于生活垃圾，转

运起来较为费力费事。可将农村建筑垃圾的收集任务上提至乡镇一级，相互临近的几个村设立一处建筑垃圾定点投放点，由乡镇相关部门定期集中收集清运至建筑垃圾处理场。市县政府设立农村建筑垃圾处理专项补助资金，对于处理较好的乡镇进行以奖代补，促进农村乡镇建筑垃圾处理规范化。

（3）政府加大投入，完善环境保护的基本设施农村环境既要从思想上重视，更重要的是行动上要落实，而落实的首要问题和根本问题是环保资金投入和环境设施建设。特别是环保设施建设的问题，要加快建设垃圾场运转和处理的相关设施，尽量就地解决，不使污染源扩大，更重要的是从根源上根治，不能只顾眼前，不顾长远，否则贻害无穷。

（4）通过制度和教育培养干部和农民的环境保护意识。既要提高领导干部的素质，又要提高广大农民群众的素质。

（5）加大农村垃圾分类的宣传：由村针对未收回垃圾种类，对农户进行垃圾分类的宣传，促使农户在垃圾投放过程中，自己做到垃圾分类。通过以上措施或办法，形成“户分拣、村收集、镇转运、县集中处理”的垃圾处理模式，以达到农村垃圾处理有效化、无害化，才能为新农村建设顺利开展工作打下坚实的基础。

2.3 国内外建筑垃圾管理体系

2.3.1 国外建筑垃圾管理案例

建筑垃圾是全世界都面临的问题。国外一些先进国家在再生利用建筑废弃物方面做了大量工作，取得了较好的效果。这方面，日本、德国、丹麦等国家走在了前面，如丹麦在20世纪末就有约80%的建筑废弃物被再生利用。日本在2000年建筑废弃物利用率是90%，建筑废物影响环境的问题已经得到较好的解决。下面详细介绍日本新加坡、韩国建筑垃圾的管理。

2.3.1.1 日本建筑废弃物管理及相关法律法规概况

在日本，各产业所使用的总资源量中，建筑产业约占1/2，同时在建设过程中要排出大量建筑废弃物，其总量占各产业排出废弃物总量的20%。此外，在各产业废弃物非法抛弃量中，建筑废弃物约占90%。由于迅速的经济发展与资源和土地面积有限的矛盾日益突出，日本自20世纪60年代末就着手建筑废弃物的管理，制定相应的法律、法规及政策措施等，以促进建筑废弃物的转化和利用。

为建立“资源循环型社会”，日本建设省提出“在公共工程中，当工程现场在再资源化设施一定距离范围内时，不考虑是否经济，原则上一定要把建筑废弃物运至再资源化设施处，进行建筑废弃物的重新利用”取得了明显的效果。20世纪90年代以来，随着日本住宅和社会资本的更新，建筑废弃物和土方量虽不

断增加，但实际调查显示，1990~1995 年建筑废弃物的再利用率有大幅度提高，混凝土块、沥青的再利用率都超过了 65%。

为了进一步提高再利用率，建设省在 1997 年 10 月又制定了建筑废弃物再利用的推进计划及 2000 年数值目标。推进计划的基本思路和具体措施要点是：

（1）任何一项建筑工程都要编写“再生资源利用计划书”，以推动公共和民间建筑工程进行废物的再利用。

（2）为了促进再生利用的顺利进行，要求建筑废弃物分类堆放，并向行政管理部门进行申报。

（3）再资源化设施生产出的再利用产品要在工程中加以利用。

（4）对于工程渣土来说，由于产出土方的产生者和利用者之间在土的质量、数量和时间上往往难以一致，为了实现联合利用，1999 年 4 月，建设省联合农林水产省和运输省建立了信息实时交换系统。

（5）为了其他领域能合理、安全地使用建筑废弃物，建设省还制定了对其他产业利用再生产品的适用条件和安全技术标准。现今日本的资源化率已经达到 97% 以上。

日本对建筑废弃物的处理和再生利用非常重视，早在 20 世纪初就开始制定建筑垃圾管理相关的法律法规，对建筑垃圾进行统一管理。

1970 年，制定了“有关废弃物处理和清扫的法律”（称“废弃物处理法”）。

1977 年，日本政府制定了《再生骨料和再生混凝土使用规范》，并相继在各地建立了以处理混凝土废弃物为主的再生加工厂，生产再生水泥和再生骨料，其生产规模大的每小时可加工生产 100t 再生水泥。

1991 年，日本政府又制定了《资源重新利用促进法》，规定建筑施工过程中产生的渣土混凝土块、沥青混凝土块、木材、金属等建筑垃圾，必须送往“再资源化设施”进行处理。日本对于建筑垃圾的主导方针是：

（1）尽可能不从施工现场排出建筑垃圾。

（2）建筑垃圾要尽可能重新利用。

（3）对于重新利用有困难的建筑垃圾则应适当予以处理。

1991 年 3 月，日本建设省（部）实行“再循环法”，提出必须有效地利用资源，保护环境，建立“资源循环型社会”，将每年 10 月定为“再循环推动月”，开展推广和普及活动。

1993 年 5 月，制定了“推进建筑副产物正确处理纲要”，为进行建筑工程的业主和施工者妥善处理建筑废弃物制定了标准。

1994 年 6 月，制定了“建筑废弃物对策行动计划”，积极推进建筑废弃物再循环政策，建立有关建筑废弃物处理的制度和措施，由建筑工程业主、施工者和废弃物处理单位三者组成体，共同推进该项政策的执行。

1997 年 10 月，对“再循环法”进行了修改，制定了“建筑副产物再循环推进 97 计划”，该计划从建立资源型社会的观点出发，要求建筑工程从规划、设计到施工的各个阶段需贯彻三项基本政策：

（1）抑制建筑副产物的产生。

（2）促进建筑副产物的再生利用。

（3）对建筑副产物进行妥善处理。

1998 年 8 月，建设省制定了“建设再循环指导方针”，要求工程业主在建筑工程规划，设计阶段制订“再循环计划书”；施工单位制定“再生资源利用计划书”和“促进再生资源利用计划书”。

1998 年 12 月，进一步修改了“推进建筑副产物正确处理纲要”。

2000 年 5 月，制定了“建筑工程用资材再资源化”等有关法律（简称“建设再循环法”）和“由国家来推进采购环保产品等有关法律”（简称“绿色采购法”）。

2000 年 6 月，制定公布了如下一系列法律：

（1）“推进形成循环型社会基本法”，简称“基本框架法”。

（2）“（改进）废弃物处理法”，该法最初在 1970 年制定，后经 1991 年和 1997 年两次修改，最后于 2000 年再次修订。

（3）“促进废弃物处理指定设施配备的有关法律”，关于建筑废弃物处理设备如何在全国各地布局设定。

（4）“促进资源有效利用有关的法律”，简称“促进再生资源利用法”。

可见，日本对建筑副产物处理具有了一系列完整全面的措施、政策和法律，这些都是集中大量人力，经过长期深入研究和讨论，通过大量调研工作，并吸收欧美经验才能制定出来的，很值得我国学习和借鉴。

2.3.1.2　新加坡建筑废弃物管理的法律法规

新加坡每年产生的建筑垃圾量约为 60 万吨，98%的建筑垃圾都得到了处理，其中 50%~60%的建筑垃圾实现了循环利用。同时，制定了建筑垃圾处理的相关政策，如环境污染控制法案、公共环境卫生法案等。在工程竣工验收时，将建筑垃圾处置情况纳入验收指标体系范围。

2.3.1.3　韩国建筑废弃物管理的法律法规

2003 年 12 月，颁布了《建设废弃物再生促进法》，2005~2006 年经历了两次修订，其中第 4~7 条明确规定了国家、政府、订购者、排放者及建筑垃圾处理商的义务；第 21 条规定了建设垃圾处理企业的设施、设备、技术能力、资本及占地面积及规模等许可标准；第 35 条规定制定循环骨料的品质标准及设计施工

指南；第36~37条规定了循环骨料的品质认证要求及取消规定；第38条规定了义务使用建筑垃圾再生骨料的工程范围和使用量；第63~66条详细规定了违反该法不同事项下的罚则。从2007年开始每5年建立再生计划，确定了提高再骨料建设现场实际再生率、建设废弃物产生减量化、建设废弃物妥善处理三大推进政策，当年建筑垃圾再生率即达到90.7%。

2.3.2 国内建筑垃圾管理案例

发达国家一开始把资源化作为城市垃圾处理发展的重点，相关的新技术、新工艺不断涌现，资源化在城市垃圾处理所占比例也不断增加。与先进国家相比，我国在这方面的工作有一定的差距。今后的任务是十分艰巨的。但应看到，在可持续发展方针的指引下，我国的建筑垃圾管理也在迅速发展，如何合理、有效地处理、处置和利用建筑垃圾也已经成为环境工作者和建筑科技人员开展科学研究的一个重要领域。

目前，我国实施建筑垃圾管理的城市已越来越多，各种措施纷纷出台，建筑垃圾管理取得了一定效果。如陕西省西安市近来采取措施，重罚乱倒建筑垃圾者。《西安市建筑垃圾管理办法》（新修订）已经西安市政府研究通过，2003年5月20日起实施。渣土、弃料、淤泥等建筑垃圾的管理、清运、倾倒将按新办法规范性操作，否则将受到严厉处罚。近年来西安市市政建设、房产开发、厂矿企业建设等工程项目明显增多，所产生的建筑垃圾在堆放、清理、倾倒等环节中很不规范，存在脏、乱、差等问题，影响了环境卫生。新办法规定，工程建设中产生的建筑垃圾，必须及时清理，由经营建筑垃圾运输资质的单位清运，到指定的地点装载和消纳，必须覆盖严密，不撒漏、飞扬，车辆按规定的时间、路线行驶；无资质单位不得私自清运建筑垃圾。新办法还对建筑垃圾场的设置和管理做出了明确规定，同时鼓励市民积极举报违法运输建筑垃圾的行为，对举报属实者，有关部门将给予奖励。

西安市雁塔区对于偷倒、乱倒建筑垃圾者实行“倒一车，清一路；倒一点，清一片”处罚，有效制止了偷倒、乱倒建筑垃圾的现象。有一段时间，西安市雁塔区一些道路或单位的周边，时常被一些个体运输户偷倒、乱倒建筑垃圾，严重影响了交通秩序，污染了城市环境。该区为治理违法行为，在实行高额悬赏，发动群众举报的同时，对违章者公开处理。采取了开现场会等方法。如在太白路、青松路等地召开现场会，让偷倒、乱倒建筑垃圾者当众检查、清理路面，并实行“倒一车，清一路；倒一点，清一片”的处罚，同时组织有清运土方资格的公司负责清运，违章户负责费用。此外，他们还依据《城市市容和环境卫生管理条例》对违章乱倒建筑垃圾者按最高限额的罚款处罚，让乱倒建筑垃圾者受到了切肤之痛。仅一个月，该区就查处偷倒、乱倒建筑垃圾车辆40多辆，由于处理措施得当，有效地改变了这种破坏城市环境的现象。西安市政府应制订相应的法律法规，鼓励企业减少垃圾产生，进行建筑垃圾的再生利用。对钢结构等节能建筑的建设方式给予城市建设配套费减免。据初步计算，产业化的住宅生产方式如果在全市普及，建筑垃圾将减少约83%，材料损耗减少约60%，可回收材料增加约66%，建筑节能达50%以上。

吉林省辽源市环卫处对建筑垃圾实行统筹管理。为防止建筑垃圾危害城市卫生，辽源市政府决定由该市环卫处实行全面责任管理，安排专用车队清运，解决了施工单位乱倾乱倒，环卫处被动在后面清扫的问题。

辽源市政府于2000年正式行文，指定建筑垃圾由环卫处统一管理，有偿专业清运。近几年，辽源市商品房和公用事业用房建筑都有较大增加，众多施工承包者为节省费用支出雇请农村个人农用车、小四轮等拉运垃圾，农民拉运户为多拉快跑赚钱，往往夜间作业，市河流堤岸、马路旁、城乡接合部空地，甚至绿地等，都成了垃圾场，给城市环卫工作带了很大麻烦。对此，辽源市政府采取措施统一管理，指定建筑垃圾由环卫处5台专用车清运，维护了城市环境。

近年来，各城市对建筑垃圾的管理已由“解决乱倾乱倒”向“资源化利用”方向转变。

山东省青岛市市政府办公厅于2013年5月15日发布了《建筑废弃物资源化利用处置征收使用管理办法》，此管理办法规定严格，建设或拆除施工前，必须先缴足建筑废弃物置费。缴纳的建筑废弃物处置费应当列入项目投资预算。除法律、法规和市政府规定外，何单位和个人不得减征、免征或者缓征建筑废弃物处置费。为激励施工单位对再生建材的积极性，办法还规定了返还政策。工程项目使用建筑废弃物再生混凝土、再生砖、再生干粉砂浆和再生种植土且分别达到总用量的30%、20%、10%、10%，建筑废弃物处置额返还，部分使用的按比例返还。

2013年10月8日，广州市建委和市城管委联合发布《广州市建筑废弃物再生建材特许经营项目招标公告》，在广州市有条件的区域选择1~5家具有合法用地的建筑废弃物循环利用特许经营企业，从事利用建筑废弃物生产再生建材的生产销售等经营活动。取得特许经营权的企业按相关规定申领《广州市建筑废弃物处置证》和依法享受财政补贴、税收优惠等政策，其再生建材产品在政府投资等项目中推广使用。

2015年8月25日，成都市建委、市城管委、市经信委和市公安局交管局联合下发通知，自2015年10月1日起，锦江、青羊、金牛、武侯、成华区及高新区、天府新区成都片区范围内所有政府投资项目，将施行建筑垃圾资源化处置与再生利用。按照该通知要求，建设项目产生的建筑垃圾应当现场资源化处置、就

地利用，实现“零排放”。不具备现场处置条件的，应当依法运往符合规定的建筑垃圾消纳场所或者政府设置的资源化临时处置点，集中处置、循环利用，而道路工程将优先选用建筑垃圾的再生产品作为道路基层材料。

2015 年 11 月 20 日，青岛市第十五届人民政府第 90 次常务会议审议通过《青岛市建筑废弃物管理办法》，该管理办法自 2016 年 1 月 1 日施行。办法第四条规定“建筑废弃物处置实行减量化、资源化、无害化和‘谁产生、谁承担处置责任’的原则，优先进行资源化利用，以减少建筑废弃物的产生”。第九条规定：“排放建筑废弃物的单位应当按照核定的不能进行资源化利用的建筑废弃物的排放数量，向环境卫生行政主管部门缴纳建筑废弃物处置费。建筑废弃物处置费专项用于建筑废弃物消纳处置，严禁挪作他用”。

2016 年 9 月 28 日，上海市进行了对建筑垃圾分类收运体系的重构。针对建筑垃圾处理过程中暴露的问题，结合督办要求，上海围绕重构建筑垃圾收集、运输、处置与资源化利用体系，重点开展六方面工作：

（1）加强源头申报。切实落实源头产生单位申报主体责任，实现建筑垃圾全量申报，重点落实装修垃圾、拆房垃圾的申报全覆盖。

（2）规范中转分拣。要求各区落实装修垃圾（拆房垃圾）分拣中转场所。通过二次分拣，提高利用率，减少建筑垃圾的处置量。

（3）强化物流管控。按照全市装修垃圾、拆房垃圾应急处置物流调配计划及品质要求，实现应急处置物流有效对接。

（4）落实属地消纳。按照郊区自行消纳、中心城区统筹的原则，各郊区在辖区内积极落实、拓展建筑垃圾消纳处置场所。中心城区尽量属地消纳，同时结合本市圈围造地项目、郊野公园建设项目实施建筑垃圾应急处置。同时完善建筑垃圾资源化利用设施布局规划，抓紧启动设施建设。

（5）推行卸点付费。按照“卸点计量、按量结算”的要求，建筑垃圾处置场所全面推行卸点付费机制。

（6）严格执法检查。市绿化市容局会同环保、公安交警、住建、交通（海事）、城管等部门，开展为期 4 个月的建筑垃圾处理专项执法检查，对非法承运、中转、处置建筑垃圾的行为予以坚决的打击，规范建筑垃圾市场，确保城市安全有序运行。

为贯彻落实全面推进农村垃圾治理精神，推进海南省农村垃圾治理工作，进一步提高海南省农村垃圾无害化处理能力和水平，营造干净、整洁、优美的乡村人居环境，制定《海南省农村垃圾治理实施方案（2016—2020 年）》。

治理目标：全面清理农村陈年垃圾，建立健全“户分类、村收集、镇转运、县处理”的模式，全面开展农业生产生活垃圾、建筑垃圾、农村工业垃圾等治理，促进农村生活垃圾就地减量和分类处理。

推行垃圾源头分类减量，落实“户清扫第一次分类、村庄保洁员进行第二次分类、乡镇（农场）分类转运、市县分类处理”责任，按“就地处理类，废品回收处理类和外运处理类”模式进行分类。建筑垃圾、灰渣等惰性垃圾采取就地就近分散处理，包括铺路填沟坑等。争取做到“分类投放、分类收集、分类运输、分类处理”。

2.4 建立完整的收运系统

2.4.1 分类收集

建筑垃圾收集方式分为混合收集和分类收集两种类型：

（1）混合收集是指将未经任何处理的建筑垃圾混杂在一起的收集方式。优点是比较简单易行，运行费用低。但这种收集方式增大了建筑垃圾资源化、无害化处理的难度。因此，混合收集被分类收集所取代是收运方式发展的趋势。

（2）分类收集是指结合建筑垃圾处理的需要进行分类投放、收集、运输的方式。这种方式可以提高回收物资的纯度和数量，减少最终处置的垃圾量，有利于建筑垃圾的资源化和减量化，并能够较大幅度地降低废物的运输及处理总费用。

在现阶段，可按照建筑垃圾资源化利用对建筑垃圾进行分类收集，主要是将可直接回收的有用物质和其他废物分类存放。分类回收的渣土、混凝土块、碎石块、砖瓦碎块、废砂浆、泥浆、沥青块、废金属、废塑料、废竹木等可以直接资源化利用的原料，然后再把其他垃圾分类收集，使其经过不同的工艺处理后得到综合利用。除分类收集有用的建筑垃圾之外，还要单独收集废涂料、废染料等特殊废物，严禁这类废物与其他垃圾混合。

推行分类收集，是一个相当复杂艰难的工作，要在具有一定经济实力的前提下，依靠有效的宣传教育、立法以及提供必要的垃圾分类收集的条件，积极鼓励村民主动将垃圾分类存放，仔细地组织分类收集工作，才能使垃圾分类收集的推广能坚持发展下去。

为适应建筑垃圾处理和资源化利用的需要，尽量降低分类收集的费用，提高回收的各类有用成分的纯度，我国已有部分地区把建筑垃圾的分类收集作为近阶段建筑垃圾收运的技术政策。一些城市已开始尝试在实行有用物质分类存放、回收和利用的基础上，进一步研究和推行有效的分类收集方法。

2.4.2 分类贮存

建筑垃圾分类收集需要配合对建筑垃圾分类贮存相结合。在新农村建设时，在村内或村外设立建筑垃圾分类贮存点，由建筑垃圾的产生者自行将建筑垃圾进行分类后为不同的垃圾进行分类贮存。贮存点中按建筑垃圾分类回收的种类分别

设置不同的贮存区域。

将废料统一进行堆放，配备专业清运工人进行清运处理。且分类堆放应符合下列要求：

（1）建筑垃圾可采取露天或室内堆放方式，露天堆放的建筑垃圾应及时苫盖，避免雨淋和减少扬尘。

（2）建筑垃圾堆放区应至少保证3天以上的建筑垃圾临时贮存能力。如无专用提升设施，建筑垃圾堆放高度不宜超过3m。

（3）建筑垃圾堆放区地坪标高应高于周围场地不小于15cm，堆放区四周应设置排水沟，满足场地雨水导排要求。

（4）贮存区域应设置明显的分类堆放标志。

2.4.3 运输系统

事先将建筑垃圾进行分类，将可直接回收的有用物质和其他废物分类存放。分类运输渣土、混凝土块、碎石块、砖瓦碎块、废砂浆、泥浆、沥青块、废金属、废塑料、废竹木等可以直接资源化利用的原料，然后再把其他建筑垃圾分开运输，使其经过不同的工艺处理后得到综合利用。

农村建筑垃圾运输单位必须经当地建筑垃圾管理部门核准，并应满足如下要求：

（1）运输车辆、船舶应有合法的行驶证，并通过年审。

（2）运输单位应具有当地主管部门颁发的准运证或营运证。

（3）具有建筑垃圾经营性运输服务资质。

农村建筑垃圾运输车辆应按核准的路线和时间行驶，并到核准的地点处理处置建筑垃圾。具体要求如下：

（1）建筑垃圾运输车运行时间安排应避开交通高峰时段，以减少对交通的影响。

（2）建筑垃圾运输车辆的运输路线，应由当地建筑垃圾主管部门会同交通管理部门规定。

（3）运输单位将建筑垃圾倾倒在核准的处理地点后，应取得受纳场地管理单位签发的回执，交送当地建筑垃圾主管部门查验。

建筑垃圾运输车辆型式和载重量选择应遵循如下原则：

（1）工程渣土运输宜采用载重量大于8t的密封式货车。

（2）装修及拆迁垃圾运输宜采用载重量5~15t的密封式货车。

（3）工程泥浆运输宜采用载重量大于8t的密封罐车。

建筑垃圾运输车厢盖应采用机械密闭装置，开启、关闭时动作应平稳灵活、无卡滞、冲击现象。要求：

（1）厢盖与厢盖、厢盖与车厢侧栏板缝隙不应大于30mm。

（2）厢盖与车厢前、后栏板缝隙不应大于50mm。

（3）卸料门与车厢栏板、底板结合处缝隙不应大于10mm。

建筑垃圾水上运输宜采用集装箱运输形式，集装箱的环保措施应符合下列要求：

（1）集装箱后盖门应能够紧密闭合、防止垃圾散落。

（2）集装箱内壁应保持平整，减少垃圾残余量，便于清洁。

建筑垃圾采用散装水上运输形式时，应在运输工具表面有效苫盖，垃圾不得裸露和散落。

建筑垃圾转运码头宜与生活垃圾转运码头合建，并宜根据船舶运输形式选择装卸工艺及配置设备。此外，尚应符合下列要求：

（1）当采用集装箱运输形式时，应配备集装箱桥式起重机、专用叉车和专用运输车等。

（2）当采用散装运输形式时，宜配备卸料平台和散装卸料机构等。

建筑垃圾运输工具应容貌整洁、外观完整、标志齐全，车辆底盘、车轮应无大块泥沙等附着物。具体要求如下：

（1）车辆车窗、挡风玻璃、反光镜、车灯应明亮，无浮尘、无污迹。

（2）车辆车牌号应清晰、无明显污渍，距车牌15m处应能清晰分辨车牌上的字迹。

（3）车厢厢体、厢盖外表面应光滑平整无明显的凹陷和变形。车厢外部锈蚀或油漆剥落单块面积不得超过$0.01m^2$，总面积不得超过$0.05m^2$。

（4）车辆底盘无大块泥沙等附着物，轻轻敲打时，应无块状泥沙等污渍脱落。

（5）建筑垃圾装载高度应低于车厢栏板高度，装载量不得超过车辆额定载重量。

（6）车辆装载完毕后，厢盖应关闭到位，并检查车厢卸料门锁紧装置，保证锁紧有效、可靠。

（7）车厢液压举升机构及厢盖液压、启闭机构的液压部件各结合面无明显渗漏。

（8）运输单位应定期对车辆进行维护和检测，保证车况完好。

清运中应注意的问题：

（1）清理施工垃圾时使用容器吊运，严禁随意凌空抛撒造成扬尘。施工垃圾及时清运，清运时，适量洒水减少扬尘。

（2）易飞扬的废料尽量保持湿润，如露天存放时采用严密苫盖。运输和卸运时防止遗洒飞扬。

（3）在清运过程中应注意安全。

（4）建筑垃圾运输中应采用封闭方式，不得遗撒、不得超载。

2.4.4 转运调配

2.4.4.1 转运调配定义

建筑垃圾转运是指利用转运调配场将从各分散收集点用小型建筑垃圾收集车清运来的建筑垃圾，转移到大型运输工具上，并将其远距离运输至末端垃圾处理处置场的过程。建筑垃圾转运调配场是连接垃圾产生源头和末端处置系统的结合点，起到枢纽作用。

是否设置转运调配场，其经济性取决于如下几方面：

（1）有助于垃圾收运的总费用降低，即由于长距离大吨位运输比小车运输的成本低，或由于收集车一旦取消长距离运输能够腾出时间更有效地收集。

（2）对转运调配场、大型运输工具或其他必需的专用设备的大量投资会提高收运费用。

2.4.4.2 转运调配用地设置要求

暂时不具备回填出路，且具有回填利用或资源化再生价值的建筑垃圾可进入建筑垃圾调配场。建筑垃圾转运调配场规划布局及设计要参考相关标准和规范。

A 选址

转运调配场选址应符合下列规定：

（1）符合该地总体规划和环境卫生专业规划的要求，选址应根据当地建筑垃圾产量及资源化利用要求确定。

（2）综合考虑服务区域、转运能力、运输距离、污染控制、配套条件等因素的影响。

（3）设在交通便利，易安排清运线路的地方。

（4）满足供水、供电、污水排放的要求。

（5）转运调配场不应设在下列地区：

1）交桥或平交路口旁；

2）大型商场、影剧院出入口等繁华地段，若必须选址于此类地段时，应对转运调配场进出通道的结构与形式进行优化或完善；

3）邻近学校、餐饮店等群众日常生活聚集场所。

另外，在运距较远且具备铁路运输或水路运输条件时，宜设置铁路或水路运输转运调配场。

B 规模

建筑垃圾调配场的配置应根据服务区域内建筑垃圾产生量、场址自然条件、地形地貌特征、服务年限及技术、经济合理性等因素综合确定，并根据转运总调配量与日处理能力分为大、中、小三类。建筑垃圾转运调配场规模见表 2-1。

表 2-1　建筑垃圾转运调配场规模

规模	设计总调配量 /m^3	设计日处理能力 /$t \cdot d^{-1}$	用地面积 /m^2	与相邻建筑间隔 /m	绿化隔离带宽度 /m
大型	≥20000	≥2000	≥18000	≥50	≥20
中型	≥5000，<20000	≥500，<2000	≥6000，<18000	≥30	≥15
小型	≥2000，<5000	<500	≥3000，<6000	≥20	≥10

C　设施

建筑垃圾转运调配场内设施包括称重计量系统、除尘系统、监控系统、生产生活辅助设施、通信设施等，各转运调配场根据规模大小和当地需求进行相应配置。

铁路及水路运输转运调配场，应设置与铁路系统和航道系统相衔接的调度通信及信号系统。

D　建筑和环境绿化

建筑垃圾转运调配场的外形应美观，操作应封闭，设备力求先进。其飘尘、噪声等指标应符合环境监测标准。绿化面积应符合国家标准及当地政府的有关规定。转运调配场内建筑物、构筑物的布置应符合防火、卫生规范及各种安全要求，建筑设计和外部装修应与周围居民住房、公共建筑物及环境相协调。

建筑垃圾调配场堆放区应符合下列要求：

（1）建筑垃圾可采取露天或室内堆放方式，露天堆放的建筑垃圾应及时苫盖。

（2）建筑垃圾堆放区宜保证 5d 以上的建筑垃圾临时贮存能力，建筑垃圾堆放高度高于周围地坪不宜超过 3m。

（3）建筑垃圾堆放区地坪高应高于周围地坪标高不小于 15cm，堆放区四周应设置排水沟，并应满足场地雨水导排要求。

（4）堆放区应设置明显的分类堆放标志。

生产管理区应布置在分类堆放区的上风口，并宜设置办公用房等设施。中、大型规模的转运调配宜设置作业设备与运输车辆的维修车间等设施。

转运调配场应配备装载机、推土机等作业机械，配备机械数量应与作业适应相适应。

转运调配场总平面布置及绿化应符合现行国家标准《工业企业总平面设计规范》（GB 50187—2012）的有关规定，中、大型规模的转运调配场可根据需要增投资源化利用设施。

2.5 建立完整的管理体系

我国建筑垃圾处置起步较晚，法律、政策和管理保障体系尚不成熟，没有形成较为完整的产业链和管理体系。加上收运体系的不成熟使得建筑垃圾资源化利用难，法律及监管力度不够是我国建筑垃圾处理面临的问题。

2.5.1 建立健全完整的法规和监管体系

要尽快制订完善建筑垃圾循环利用的法律法规，建立规范科学的建筑垃圾减排指标体系、监测体系，强化建筑垃圾的源头管理，提高条款的可操作性，避免指标空泛。同时建立与之相适应的管理制度，如建筑垃圾环境许可、建筑垃圾处理申报批准、建筑垃圾限量产生等。在执法过程中，做到有法可依、有法必依、违法必究，尤其是要加大监督执法力度，坚决杜绝建筑垃圾大量排放、随意排放和低水平再生利用，使建筑垃圾资源化由行政强制逐渐成为全社会的自觉行动。

2.5.2 标准体系建立

随着我国建筑垃圾资源化利用的发展，标准体系也需要逐步完善。目前有住房和城乡建设部制定的行业标准《建筑垃圾处理技术规范》（CJJ 134—2009）、《城市垃圾产生源分类及垃圾排放》（CJ/T 3033—1996），有行业或地方发布的相关标准《再生混凝土骨料技术标准》《再生骨料应用技术规范》等。但是这些标准还远远不够，还需要更多、更完善的标准以建立完备的标准体系。

2.5.3 加强建筑垃圾资源化激励政策

加强建筑垃圾资源化激励政策方法如下：

（1）将使用建筑废弃物制造的建材产品纳入政府优先采购的绿色产品，使生产企业无后顾之忧。

（2）筛选出适合我国农村建筑垃圾的先进适用技术，建立示范工程并出台产业技术政策进行推广。

（3）出台更加有力的政策以提高利废建材产品使用比例。

（4）地方政府出台政策法规，促进农村建筑废弃物的收运系统建立。

2.5.4 收运管理措施

针对上述现状，有关各方必须行动起来，采取有效措施，使农村建筑垃圾收运工作走向规范和完善。

（1）建立收运管理系统。

该系统包括：

1）实现实时定位跟踪、监测和数据远程传输，便于政府部门实时监控管理；

2）建立建筑垃圾运输车垃圾收集信息交互模块，全面覆盖各类信息和收运过程，以便于政府和其他职能部门进行管理；

3）通过多辆转运车辆协同工作实现智能调度和动态规划。

（2）规范收运市场。成立专业的建筑垃圾清运公司，并将管理、监察权力有效统一，建立一支集管理和执法职能于一体的监管队伍。

2.5.5 加强农村建筑垃圾分类收运宣传

提高农村建筑垃圾规范收运意识，不光针对农村用户和收运体系的设计者，还包括乡镇政府、村委会及管理人员，这样不仅有利于回收工作的展开，而且有利于资源化产品的推广，使建筑垃圾产业链不断增大。

3 建筑垃圾预处理技术及设备

3.1 建筑垃圾处置工艺背景

国外许多国家已经把城市建筑垃圾资源化利用作为环境保护和社会发展的重要目标。目前，美国、德国、荷兰、日本、韩国等经济发达国家都较早着手研究废混凝土的处理与再生利用，通过法律法规明确必须对建筑垃圾进行资源化循环利用，建筑垃圾再生骨料生产工艺已经相对成熟和完善。但是，不同国家的建筑物结构、材料构成、拆除前源头分类的精细程度、再生骨料应用途径等都有所不同，因此，各国建筑垃圾再生骨料生产工艺也不尽相同。

欧美国家的建筑物以框架和框剪结构为主，砖混类结构的建筑垃圾明显少于我国。日本的商业建筑物以框架结构为主，民用建筑多用轻质建材，木材等的含量较高，建筑垃圾资源化利用率高。韩国建筑垃圾资源化处置技术相较于我国发展较早，据调研，韩国国内现有各类建筑垃圾资源化处置企业超过 300 家，仅首尔周边就建设了 100 余家。

长期以来，我国的建筑垃圾再利用没有引起足够重视，通常是未经任何处理就运送郊外，采用露天堆放或填埋的方式进行处理，环境污染较为严重。近些年，我国处于建筑业大发展时期，建筑垃圾产量急剧增长，容纳城市垃圾的填埋场已捉襟见肘，建筑垃圾的再生利用已到迫在眉睫的地步。针对我国建筑垃圾基本无源头分类、杂质含量较多且组分复杂等基本国情，通过参考借鉴国外再生骨料生产工艺，研究并选择适合我国建筑垃圾再生骨料生产的工艺技术尤为重要。

目前，国内建筑垃圾资源化处置工艺一般包含破碎、磁选、风选、筛分等工序，根据建筑垃圾类型、再生产品需求的不同而有所不同，还无针对混杂建筑垃圾资源化系统处置的成熟工艺技术，普遍存在缺乏系统除杂手段、处理效率低、产品质量不稳定等问题。综合各国建筑垃圾再生骨料生产工艺，结合我国建筑垃圾现有情况，针对我国建筑垃圾的特性，合理选择分选手段，科学设置除杂过程，在实现生产合格骨料的基础上，更加规范化、系统化地优化生产工艺，才能真正符合我国建筑垃圾资源化处理的迫切需求。

我国建筑垃圾的主要预处理工艺主要包括破碎和分选工艺两部分。以下将对这两部分工艺进行详细描述。

3.2 建筑垃圾的破碎

依靠外力（人力、机械力、电力）克服固体物料内力而将其由大块分裂成小块的过程称为破碎。建筑垃圾的破碎作业是建筑垃圾处理过程中重要辅助作业之一。破碎作业的主要目的是减小建筑垃圾的颗粒尺寸，增大其形状的均匀度，以便后续处理工序的进行。例如，破碎作业能使建筑垃圾的粒度变小、变均匀，使垃圾物料间的空隙减小，容量增加，因而建筑垃圾在贮存时就能节约空间，运输时可以提高运输量；对破碎后的建筑垃圾进行筛选、风选、磁选等建筑垃圾分离处理时，由于建筑垃圾的粒度均匀，流动性增加，因而能较大地提高分选效率和质量，破碎处理后的建筑垃圾还有利于进行高密度的填埋处置。

3.2.1 建筑垃圾破碎的基本方式和破碎机的类型

建筑垃圾的破碎方式有机械破碎和物理破碎两种。机械破碎是借助于各种破碎机械对固体废物进行破碎。主要的破碎机械有颚式破碎机、辊式破碎机、冲击式破碎机和剪切破碎机等。破碎机破碎建筑垃圾的基本原理是利用破碎机产生作用于建筑垃圾物块上的强烈外力迫使垃圾物块破碎、破裂而变成体积更小的物块。根据对破碎物料的施力特点，可将物料的破碎方式分为冲击、剪切、挤压、碾磨、撕碎等类别。

3.2.1.1 建筑垃圾破碎的基本方式

在建筑垃圾处理中最常用的破碎方法有以下 5 种：

（1）挤压破碎。物料在两个平面之中受到缓慢增长的压力，当被破碎的物料达到了它的压碎强度限则被破碎，对于大块的物料多采用此种方法。

（2）冲击破碎。物料在瞬间受到外来的冲击力而被破碎，这种方法可由很多的方式来完成。例如，高速回转的锤子击打料块，高速运动的料块冲击到固定钢板上等，对于脆性物料用此种方法进行破碎是比较适合的。

（3）研磨破碎。物料在两金属表面或各种形状研磨体之间受到摩擦作用，被磨碎成细粒。这种现象只有在物料的剪应力达到其剪切强度限时才会产生，此法多用于小块物料的细磨。

（4）劈裂破碎。物料由于楔状物体的作用而使物料的拉应力达到物料拉伸强度限时，物料裂开而破碎。

（5）弯曲破碎。物料在破碎时，由于受到相对方向力量集中的弯曲力，使物料折断而破碎，这种方法的特点是除了外力作用点处受劈力外，还受到弯曲力的作用，因而易于使矿石破碎。

实际上任何一种破碎机械都不能只用一种方式来进行破碎，一般都是用两种

或两种以上的方式联合起来进行破碎的，例如，挤压和弯曲、冲击和研磨等。在破碎物料时，究竟选用哪种方法比较合适，必须根据物料的物理性质、料块的尺寸及需要破碎的程度来确定。例如对于硬质物料，是用挤压和冲击方式破碎；而对黏性物料，则采用挤压带研磨的方式破碎，对于脆性和软质材料，必须采用劈裂和冲击方式等。破碎方法如图 3-1 所示。

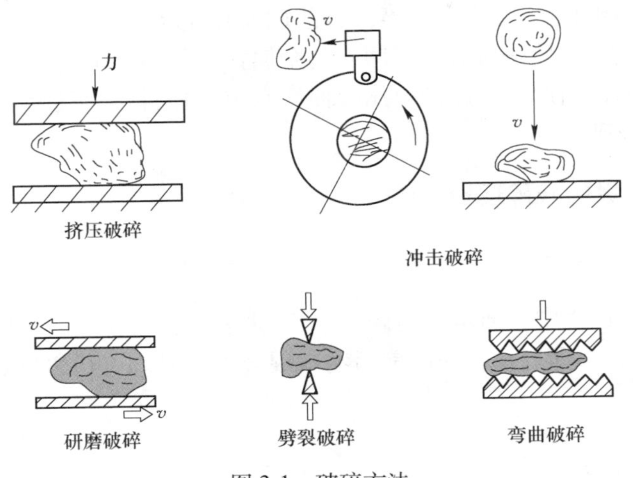

图 3-1　破碎方法

3.2.1.2　破碎机的类型

由于破碎方法不同而且处理的物料性质也有很大的差异，为适应实际工作的需要，破碎机型式是多种多样的。

按作业不同分类建筑垃圾处理中所用的破碎机按作业不同可分为如下几种：

（1）粗碎机。用于大块物料的第一次破碎，能处理的最大物料块直径允许达 1m 以上，主要以压碎方法进行破碎，粉碎比不大，一般小于 6。

（2）中碎机。处理的物料粒度通常不大于 350mm，主要以击碎或压碎方法进行破碎。由于这一类破碎机通常包括细碎的作业在内，故粉降比较大，一般为 3~20，个别可达 30 以上。

（3）细磨机。用于磨碎粒度为 2~60mm 的物料颗粒，其产品尺寸不超过 0.1~0.3mm，最细可达 0.1mm 以下，粉碎比能达 1000 以上。

按照结构及工作原理不同分类按照结构及工作原理的不同，常用的破碎机有以下几种主要类型：

（1）颚式破碎机。它依靠活动颚板作周期性的往复运动，将加于两颚板之间的物料压碎。

（2）圆锥式破碎机。外锥体是固定的，内锥体被偏心轴（或偏心套）带动作偏心转动，物料在两锥体之间受到压力与弯曲力破碎。

（3）滚式破碎机。物料在两个相互平行和旋转方向相反的辊子间受到挤压（光辊），或受挤压劈裂（齿辊）而破碎，如两辊转数不同还有部分研磨作用。

（4）锤式破碎机。料块受高速旋转锤子的冲击和料块本身以高速向固定不动的衬板上撞击而破碎。

（5）轮碾机。物料在盘上被旋转着的圆柱形碾轮所压碎及磨碎。

除了上述用机械方法进行破碎，目前已有用电力进行破碎的，其工作原理是：在高压电路中，放一对有适当间隙的金属针，加高压电后，在水中产生脉冲的高压火花放电，因此产生超高电压，而使水中的物料产生破碎。另外，还有用超声波和低声波破碎的。

3.2.2 建筑垃圾的破碎理论

3.2.2.1 粉碎比

在物料粉碎过程中，通常以粉碎比“i”来表征物料粉碎的程度。

所谓粉碎比 i，即表示在粉碎前后物料混合物的平均直径之比。可如下表示：

$$i = \frac{MD_{cp}}{KD_{cp}} \tag{3-1}$$

式中 i——粉碎比（平均）；

MD_{cp}——物料粉碎前的平均直径，mm；

KD_{cp}——物料粉碎后的平均直径，mm。

式中采用平均直径是因为物料在破碎前后其形状不可能全为球形，所以用近似值（D_{cp}）计算。可求得：

$$D_{cp} = \frac{l + b + h}{3} \tag{3-2}$$

或

$$D_{cp} = \sqrt[3]{lbh} \tag{3-3}$$

式中 l，b，h——物料块沿三个垂直方向（长、宽、高）的尺寸，mm。

此外，为了简易地表示和比较各种破碎机这一主要特性，也可用破碎机的允许最大进料口尺寸（或有效进口尺寸）与最大出料口尺寸的比来计算粉碎比，称为“公称粉碎比”，即：

$$公称粉碎比 = \frac{破碎机允许最大进料口尺寸}{破碎机允许最大出料口尺寸}$$

由于实际最大进料块的尺寸总小于允许的最大进料块的尺寸，所以公称粉碎比总是大于平均粉碎比。一般相差在70%~90%之间。

破碎机械的粉碎比一般均在3~30之间，而粉磨机则在300~1000之间。对于一定性质的物料，粉碎比是确定破碎或粉磨作业程序以及选择机器类型、尺寸的主要根据。

3.2.2.2　理论能量消耗

由于破碎过程十分复杂，能量的消耗受很多因素的影响，而且这些因素又都是因条件而异，如物料的性质、形状、粒度大小及其分布的规律、机器的类型，以及破碎操作的方法等。

因此，要想用一个完整、严密的数学理论解决粉碎过程所消耗的能量问题是困难的。在某些情况下，必须同时广泛地应用实际资料。

求粉碎能量消耗的两个最基本的假说——表面积假说和体积假说。

A　表面积假说—雷廷智假说（1867年）

该假说的内容是：粉碎物料时所消耗的能量与物料新生成的表面积成正比。该假说的物理基础是认为组成任何纯粹脆性晶体物物质质点之间具有恒定的分子吸引力。因此粉碎所消耗的能与用来拆开分子间的引力，产生的新的表面积所需的能量有一定关系。

B　体积假说

体积假说主要内容是：在相同技术条件下，将几何形状相似之物料粉碎成形状亦相似的成品时，所消耗的能量与体积或重量成正比。

实践证明：粉碎比的大小直接关系着能量消耗的多少。

根据前边介绍的两种假说，可以看出二者是从不同观点出发，同时对粉碎规律的认识也不同，计算的结果与实际有很大出入。

表面积假说适用于破碎比较大的操作与劈碎现象的解释。但由于其原始功（破碎单位体积所消耗的功）及粉碎后物料新生成的表面积是较难确定的。同时由于物体块度不均，所以该假说的应用受到一定的限制。更主要的是它没有考虑到在物料的塑性变形与弹性变形过程中的能量消耗。

对于体积假说，由于其出发点是基于弹性和塑性变形，故适用于压碎和击碎等，即粉碎比不大的场合。因其没有考虑到能量消耗与粉碎比的关系。因此该假说对细磨来说是不适合的。在该假说的基础上建立了颚式、辊式、圆锥式破碎机的功率计算理论基础，但是该假说由于没有考虑到物料块破碎后新生成的表面积、能量消耗与破碎比的关系，及在粉碎时由于料块之间、料块与机械之间的摩擦所消耗的能量，所以它的应用和实用价值都受到了一定的限制。

3.2.3　颚式破碎机

3.2.3.1　颚式破碎机的工作原理

A　简摆型颚式破碎机

图3-2所示为900mm×1200mm简单摆动型颚式破碎机。破碎机架1的前壁是

固定颚，其上装有定颚衬板 2。衬板上有齿牙，有助于破碎物料，因此也称为齿板。衬板的作用是防止固定颚受到磨损。心轴（又称悬挂轴）的两端由轴承支撑，中部悬挂着动颚 5 及其动颚衬板 6。偏心轴 8 由主轴承支撑，其上按有连杆 9。连杆的连杆头与杆身分开制造，用螺钉固定一起。循环冷却水流过连杆头，以冷却轴瓦部分。电动机通过三角皮带带动皮带轮 10 及偏心轴 8。在连杆下方的凹槽中，装有推力板支座 11，前推力板 12 及后推力板 13 分别支撑于支座上。

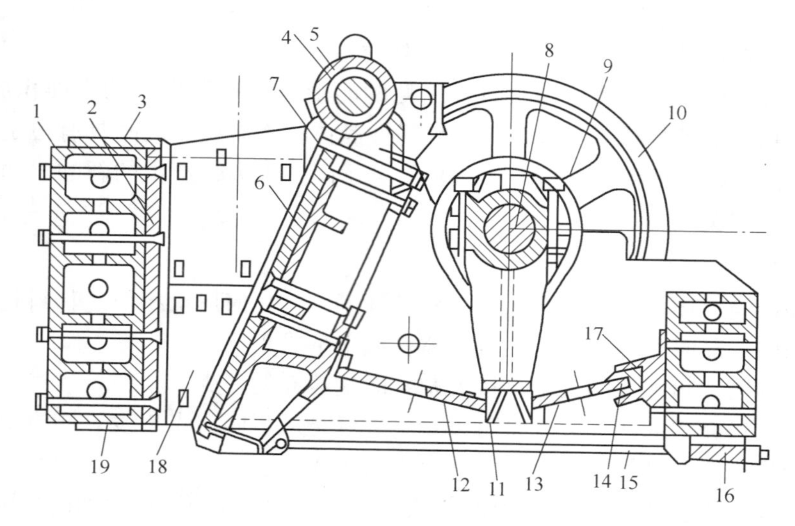

图 3-2　900mm×1200mm 简单摆动型颚式破碎机

1—机架；2—定颚衬板；3—压板；4—心轴；5—动颚；6—动颚衬板；7—楔铁；8—偏心轴；9—连杆；10—皮带轮；11—推力板支座；12—前推力板；13—后推力板；14—后支座；15—拉杆；16—弹簧；17—垫板；18—侧衬板；19—钢板

偏心轴除在一端安有皮带轮 10 外，在另一端还安有飞轮。在工作时，动颚时而靠近固定颚，时而远离固定颚，前者是工作行程，后者是空行程。在空行程期间飞轮储存能量，在工作行程期间放出能量，从而减少偏心轴转速的波动，且使电动机功率较稳定。

颚式破碎机的轴承多为装有巴氏合金瓦或铜瓦的滑动轴承。动颚的轴承和推力板 12、13 的支撑，采用干油润滑；偏心轴和连杆的轴承多采用稀油循环润滑。

动颚和固定颚的齿板表面是波浪形的，一个齿板的齿峰与另一个齿板的齿谷相对，对物料施加弯曲及局部集中应力的作用。

破碎腔的侧壁上有锰钢侧衬板 18，用螺钉或楔条将其固定于侧壁上。固定颚衬板除螺钉固定外，下端在机架上焊有钢板 19，上端有压板 3，使固定颚衬板

不致上下活动。动颚衬板下方支撑在动颚下部的凸台上，上方由楔铁 7 压紧。

拉杆 15 的一端固定于动颚下方，另一端通过弹簧支撑在机架的后壁上。动颚以心轴 4 为摆动中心而左右摆动。动颚通过连杆和前、后推力板的作用向前摆动，然后通过拉杆 15 和弹簧的作用向后摆动。弹簧的作用力应足以克服动颚及推力板的惯性，使动颚、推力板、连杆保持接触而不互相分离。这样，在下一个周期开始时，就不致产生冲击，推力板也不会脱落。拉杆 15 下方没有滚轮以支撑其运动。

在后推力板与后支座 14 之间，有一组垫板 17，用来调整排料口宽度。增加垫板厚度，使推力板和动颚向左方推移，排料口减小。反之，减少垫板 17 的厚度，排料口将增大。

后推力板 13 制成整个机器运动部件上最薄弱的一个环节。当非破碎物（如铁质异物）进入破碎腔，或者破碎腔内物料发生堵塞压实，动颚压挤物料时，压力将急增。由于后推力板被故意做成最薄弱的一环，它将首先折断，以保护其他机件免受损坏。因此，后推力板兼起保险装置的作用。

送入固定颚和动颚之间（破碎腔）的物料，当动颚向左运动时受到其压挤而破碎；当动颚向右运动时物料靠自重向下运动。动颚每一个摆动周期，物料受到一次压挤作用并向下排送一段距离。从给入破碎腔开始，通常共受到三四次以上的压碎作用后，排出机外。

B　复摆型破碎机

与简摆型颚式破碎机相比，复杂摆动型（复摆型）颚式破碎机减少了连杆、后推力板及动颚心轴等部件，使机构简化。由于运动轨迹不是以动颚心轴为中心的往复摆动，而是很复杂的轨迹，因此称为复摆型颚式破碎机。复摆型颚式破碎机（图 3-3）的动颚 11 通过滚子轴承固定于偏心轴 10 上，下端由推力板 5 支撑，当电动机通过三角皮带轮 13 带动偏心轴 10 转动时，动颚即时而向固定颚方向运动，时而远离固定颚运动，在破碎腔的物料即遭受破碎并陆续向下排送。动颚下端凹槽内有推力板支座 4。推力板 5 的前端支撑在支座 4 内，后端支撑在前斜铁 6 的支座内。前斜铁卡在机架两个侧壁的导槽内，可以左右移动。后斜铁 7 通过与其相连的螺母可以上下调节。设后斜铁 7 向上运动，由于斜面关系前斜铁即被推向左方运动，排料口宽度变小。反之，设后斜铁 7 向下运动，排料口宽度变大。前斜铁和后斜铁是排料口宽度的调节装置。动颚衬板、固定颚衬板、侧衬板、拉杆、弹簧、飞轮等，都与简摆型颚式破碎机的相似，这里不重述。由图3-3 可见，动颚与机架上的轴承是滚动轴承，摩擦小，启动方便，润滑较简单。

颚式破碎机动颚运动的轨迹示于图 3-4。在简摆型颚式破碎机中，动颚以心轴为中心而摆动一段圆弧，其下端的摆动行程较大，上端较小。摆动行程可分为

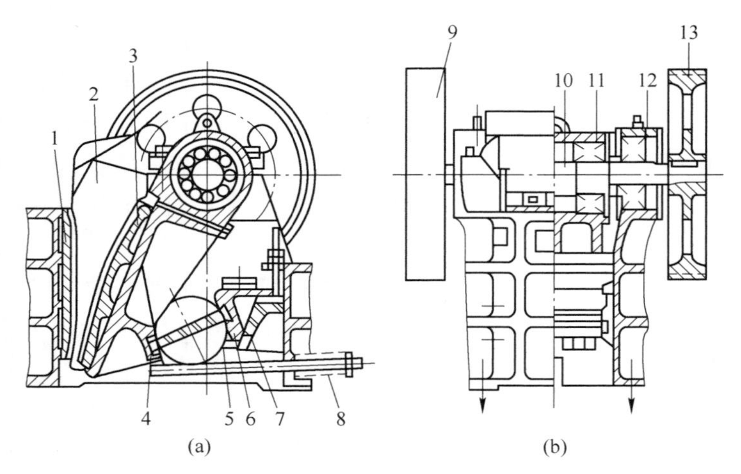

图 3-3　250mm×400mm 复摆型颚式破碎机

（a）主剖视图；（b）侧剖视图

1—固定颚衬板；2—侧衬板；3—动颚衬板；4—推力板支座；5—推力板；6—前斜铁；7—后斜铁；8—拉杆；9—飞轮；10—偏心轴；11—动颚；12—机架；13—皮带轮

水平的与垂直的两个分量，视机构的几何关系而定，其比例大致如图 3-4（a）所示。复摆型式破碎机的运动轨迹较为复杂，动颚上端的运动轨迹近似为圆形，下端的运动轨迹近似为椭圆形。其行程的水平与垂直分量的比例大致如图 3-4（b）所示。简摆型与复摆型颚式破碎机动颚的运动的另一个区别，就是在简摆型中，动颚上端与下端同时靠近固定颚或远离固定颗，即动颚上端与下端的运动是同步的；而在复摆型中，动颚上端与下端的运动是异步的，例如，当动颚上端朝向固定颚运动，下端却向相反于固定颚的方向运动。换句话说，在某些时刻，动颚上端正在破碎物料，下端却正在排出物料，或反之。

颚式破碎机靠动颚的运动进行工作，因此，动颚的运动轨迹对破碎效果有较大的影响。简摆型动颚上端的行程小于下端的，上端行程小对于破碎某些粒度及韧性较大的物料是不利的，甚至不足以满足破碎大块给料所需要的压缩量，但下端行程较大却有利于排料通畅。除此以外，简摆型动颚的垂直行程较小，因此动颚衬板的磨损也较小。

复摆型颚式破碎机动颚在上端及下端的运动不同步，交替进行压碎及排料，因而功率消耗均匀。动颚的垂直行程相对较大，这对于排料、特别是排出黏性及潮湿物料有利，但垂直行程较大会导致衬板的磨损加剧。

复摆型颚式破碎机推力板的方向可以向上倾斜或向下倾斜。当推力板的方向向上倾斜时，在排料端附近，动颚闭合时有一向上运动的分量，此分量使油斗与衬板之间产生较大的摩擦，特别是当排料口宽度较小时，将产生过粉碎。而当推

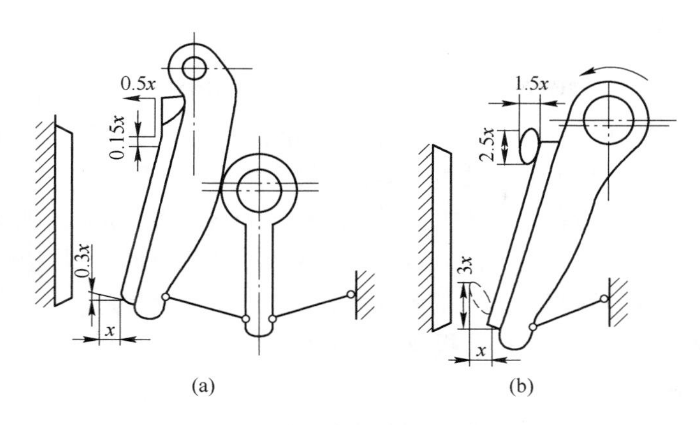

图 3-4 颚式破碎机动颚运动的轨迹
（a）简摆型颚式破碎机；（b）复摆型式破碎机

力板的方向向下倾斜时，动颚闭合时在排料端附近有一向下的运动分量，有利于加速物料排出，提高产量，减少过粉碎。

C 混合摆动型颚式破碎机

为了改善动颚运动的轨迹，曾试制混合摆动型颚式破碎机，如图 3-5 所示。动颚与连杆共同安在偏心轴上，连杆头装在偏心轴的中部，而动颚头在连杆头的两侧（动颚头呈叉子形）。动颚运动轨迹是简摆型与复摆型的运动轨迹的综合，其具体形状由机构的几何关系而定。此外，颚式破碎机的受力很大，工作条件恶劣，其结构应该力求简单、坚固，但混合摆动型颚式破碎机的结构却较复杂，因而未能推广。

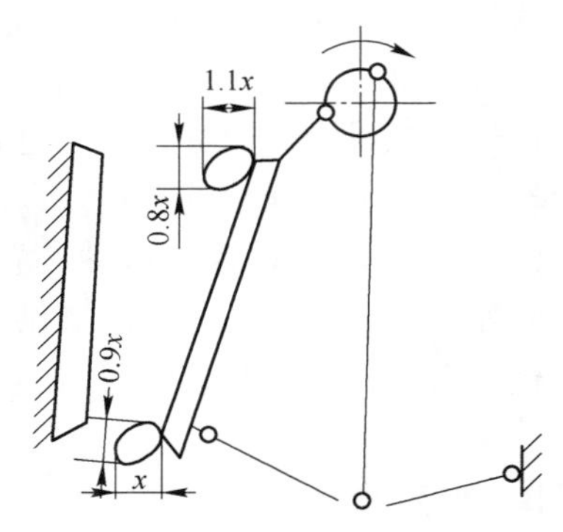

图 3-5 混合摆动型颚式破碎机

D 颚式破碎机破碎腔的堵塞和堵塞点位置问题

颚式破碎机破碎腔的堵塞问题和堵塞点位置的问题，对于各种压力式破碎机（旋回破碎机、圆锥破碎机等）都非常重要。

一个大块物料在破碎腔内碎成若干个小块时，体积要增加，因为原来是一块实体，碎成若干小块后，在各小块颗粒之间将出现大量空隙，因而总的体积增加，堆容重减小，破碎后的小块颗粒在破碎腔内要占据更大的体积，否则将发生拥挤，或称堵塞现象。破碎腔的形状呈梯形，上面大下面小，物料通过破碎腔下部时势必发生堵塞现象。但是，由于动颚的行程越往下将越大，使物料排出较快，堵塞可以减轻。

3.2.3.2　颚式破碎机的结构

A　排料口调节装置

破碎机的衬板在工作中不断遭受磨损，排料口宽度逐渐变大，必须及时调节，以保证所需的产品粗度。常用的排料口调节装置有三种：

（1）斜铁调节装置。图 3-3 中所示的斜铁 6 和斜铁 7 就是调节排料口宽度用的。利用螺钉与螺帽或者用蜗杆、蜗轮或链式传动装置，使后斜铁升降。前斜铁安在机架两个侧壁的导槽内，只能水平移动。当后斜铁被提起，由于斜面关系使前斜铁沿导槽向前移动，则推力板及动颚前移，排料口宽度减小。反之，当后斜铁下降时排料口宽度将增加。

这种方法可以实现无级调节，调节方便，不必停车；缺点是调节时很费力，且机器尺寸增大，从而只适用于中小型破碎机。

（2）垫板调节装置。图 3-2 中所示的 17 垫板调节装置。在后推力板支座后面放入一组调整垫板。改变垫板的数目或厚度，使后推力板前移或后退，达到调节排料口宽度的目的。

这种方法使机器结构紧凑、质量减小，因此，大中型破碎机常采用这种装置。其缺点是一定要停车才能调节。也有在机架的后壁上分别固定两个螺母，两根丝杠片在螺母内，丝杠一端固定着滑轮，利用吊车转动滑轮，使丝杠移动并推动与丝杠另一端相连接的垫板，以调节排料口宽度。

（3）校压调节装置。这种装置利用液压油缸和柱塞来调节排料口的宽度，用手动油泵或电动油泵向液压缸供油。柱塞按要求将推力板推至所需位置后，插入垫板。在机器工作时，垫板承受后推力板的压力，而柱塞及液压油缸不再承受压力。

B　保险装置

颚式破碎机超负荷主要由于非破碎物进入破碎腔，或是在排料口附近破碎腔由物料堵塞所造成。出现上述情况后将使机器受力激增，必须设置下述保险装置以防破碎机损坏。

a　推力板

在零件设计计算时，将推力板（在简摆型颚式破碎机中则为后推力板）制成最薄弱的一个环节，过负荷时使它首先折断，以保护轴承及机器其他部分不受损害。通常后推力板用铸铁制成，并在中间钻孔或切槽来减小其断面尺寸。也可以使用组合式推力板，其铆钉等连接元件故意做的较脆弱，过载时它们首先剪断。这种保险装置的缺点是出现事故后处理较为复杂，停车时间长。

b　液压连杆

这种连杆上有一个液压油缸和活塞，油随同连杆上部（连杆头）连接，活

塞与连杆下部（推力板支座）连接。正常工作时，油缸内充满压力油，活塞与油缸相当于整体连杆的一部分。当非破碎物进入破碎腔时，作用于连杆的拉力增加、油缸下部油室的油压随之增加。若油压越过组合阀内的高压溢流阀所规定的压力，压力油将通过高压溢流阀排出，活塞及推力板停止动作，动颚不摆动，从而起到保险作用。

c 液压摩擦离合器

我国制造的 1200mm×1500mm 分段启动简摆式颚式破碎机，在其偏心轴两端装有液压摩擦离合器，依次启动皮带轮、连杆、飞轮，能降低机器启动时的功率。当破碎机过载时，过电流继电器通过延时继电器启动油泵电动机，使离合器分离，同时切断主电动机，因此它也起保险装置的作用。

C 机架

颚式破碎机的机架是铸钢、铸铁、焊接制成的，可以是整体式或是组合式机架。整体机架多用于中小型破碎机，组合机架由四块或六块铸钢件或焊接件用嵌销和螺柱连接而成。铸钢件和焊接件的前壁和后壁，采用带筋结构或箱式结构，而侧壁既可以用带筋结构或箱式结构，也可以用不带筋的厚钢板制成。箱式结构质量轻，稳定性好，但加工制造费用高。组合机架用于运输困难（如矿井用颚式破碎机）或规格很大因而加工制造困难的颚式破碎机。其加工复杂，造价高，整体性也较差。

D 推力板

它是连杆将运动传给动颚的机构中的一个杆件，在工作中承受巨大压力。前文已述及，它往往还起保险装置的作用。推力板可以用铸铁制成整体的，也可以制成两件，并用螺钉或铆钉连接起来。为了增强耐磨性，其端部有时用冷硬铸铁或锰钢制成，并制成能产生滚动接触且有一定空隙以储存润滑油的形状，从而减少磨损。

E 连杆

连杆有整体、组合及液压连杆等形式，最常用的是整体连杆。由于它在工作时承受拉力，故采用铸钢制造。国外有的厂家在大型颚式破碎机上用组合连杆，并且装有弹簧以平衡其惯性力及一个挡板（保险装置）；质量也较轻，但构造过于复杂。

F 偏心轴、动颚心轴和轴承

破碎机工作时不仅受力很大，且为冲击负荷，故大、中型颚式破碎机的偏心轴用合金钢制造，例如根据我国资源情况，用锰钼钒（42MnMoV）钢、锰钼硼（30Mn2MoB）钢、络钼（34CrMo）钢，锤头顶面调质及正火处理制成，其强度及耐磨性都好。

心轴可用45号钢制造。

轴承可以用滑动轴承或滚动轴承。国产小型颚式破碎机有用滚动轴承的，但大中型破碎机常用具有巴氏合金轴瓦的滑动轴承，利用稀油循环系统对其进行润滑，循环的稀油不仅起润滑作用，还起冷却作用，将轴承处所发的热量带出。

G 衬板

衬板的作用有两种：（1）作为更换件，保护动颚及机架不受磨损，它本身磨损后可以更换。（2）对物料施力将其破碎，衬板上有齿牙，动颚衬板上的齿峰正好对着固定衬板上的齿谷，有助于咬住并破碎物料。齿牙的形状、角度及间距根据经验选定。角度通常为70°~90°。物料粒度大时用粗齿，粒度小时用细齿。

衬板上各点的磨损不均匀，下部磨损一般比上部快（对于大块坚硬物料，衬板在给料口附近的磨损也很快），为了延长使用期限，衬板制成上下对称的，以便下部磨损后将其倒置。大型破增机的衬板制成上下左右几个互相对称的部分，磨损后可以互换。衬板的寿命取决于材质、齿牙形状、热处理、物料性质、机器工作参数、给料均匀性等。大、中型颚式破碎机衬板通常用通过适当热处理的奥氏体高锰钢制成。这种材料一旦压碎物料，其本身表面硬度即显著增加（工作硬化），耐磨性能也随之提高，而且具有一定韧性，可以承受冲击负荷。高锰钢是破碎及磨碎机械中广泛使用的一种抗磨损材料，工作硬化后硬度可达HB550(HRC55.5)。

在高锰钢中对性能影响最大的是碳和磷。如果磷含量降低，钢碳含量可以提高，耐磨性也提高。磷含量从0.07%~0.1%降到0.02%~0.04%；高锰钢的韧性和耐磨性均可提高40%~50%。

H 动颚

动颚受力很大，而且受力很复杂，通常用铸钢制版。为了增加刚性，采用新式结构或断面具有极大加强筋的结构。动颚断面尺寸往往比机架端壁的断面尺寸更大，刚度也更高。

3.2.3.3 颚式破碎机的参数计算

A 啮角

动颚与固定颚之间的夹角称作啮角。啮角不能过大，以保证破碎机工作时颚板能咬住物料，防止物料向上挤出。这就要求物料与颚板之间的摩擦力与压碎力的分力相平衡。当颚板之间的啮角小于某一定数值时，上述要求才得以满足。

通常情况下，物料与颚板之间的摩擦系数为0.2~0.3，此时摩擦角相当于12°，颚式破碎机的啮角常取18°~24°，最大不得超过27°。在实际工作中，可能

出现两块或多块给料卡在一起的情况。这时，啮角可能大于摩擦角的两倍，致使颚板不能咬住物料，发生打滑现象。对于硬质、韧性高的物料，破碎比较困难，其啮角应适当减小。

B 转速

转速是颚式破碎机的一个重要参数。当转速增加时，单位时间内颚板压挤物料的次数增加，但每次压碎后物料向下排卸的时间减少，从而排料速度降低，甚至出现生产量下降、功耗增加等不利现象。通常按最有利于排料的条件来计算机器的转速。

偏心轴的最有利理论转速 n(r/s)：

$$n = 16.3\sqrt{\frac{g\tan\alpha}{S}} \tag{3-4}$$

$$n = 510.3\sqrt{\frac{\tan\alpha}{S}} \tag{3-5}$$

式中 S——动颚行程，cm。

在实际工作中，适当提高转速可以提高机器的生产量。颚式破碎机动颚的支点（心轴）的位置离给料口近，故给料端附近动颚的行程小。其优点是机械作用力以及动颚在给料口附近的作用力大，能够破碎坚硬的物料，而且行程较小，从而破碎大块时产生的振动较小。但由于行程小，每次压碎后物料下落的距离也小。

C 颚式破碎机需要的功率

破碎机需要的功率是指用来破碎物料以及克服机器本身摩擦损失这两部分功率的总和，由于工作时需要产生巨大的破碎力，因此破碎物料所需要的功率是主要的。影响破碎物料功率大小的因素主要有物料的物理性质、粒度、粉碎比、破碎方法、加料方式等。

还必须注意，当启动时为了加速破碎机运转，需要较高的功率数值。但这和破碎机的大小和形式有关。

a 根据物料弹性变形功计算功率

理论上，颚式破碎机用来破碎物料所需要的功，可以应用克尔皮切夫的体积假说来加以计算：

$$A = \frac{\sigma^2}{2E}(V_1 - V_2) = \frac{\sigma^2 K_u L(B^2 - e^2)}{4E\tan\alpha} \tag{3-6}$$

$$A = \frac{\sigma^2 LF}{2E} = \frac{\sigma^2 V}{2E} \tag{3-7}$$

式中 A——破碎物料所需要的功，J；

V_1——活动颚板和固定颚板最远时，两颚板之间充满的物料体积，cm³；

V_2——破碎后由出料口排出的体积，cm^3；

E——物料的弹性模数，Pa；

σ——物料的抗压强度，Pa；

B——给料口宽度，cm；

e——排料口最小宽度，cm；

F——物体的横截面积，cm^2；

V——变形物体的体积，cm^3；

K_u——考虑物料粒度及充满破碎腔的系数，一般情况下 $K_u \approx 0.2 \sim 0.25$；

α——啮角，(°)。

考虑破碎机传动效率（通常 $\eta = 0.6 \sim 0.75$），则电动机功率 N_m 为：

$$N_m = \frac{A}{\eta} = \frac{\sigma^2 K_u L(B^2 - e^2)}{4E\tan\alpha} \tag{3-8}$$

物料的 σ 和 E 变动范围很大，且不是常数，故功率仅是近似值。

b 计算功率的经验公式

简单的经验公式可用于估算破碎机的功率。对于 900mm×1200mm 以上规格的大型颚式破碎机，功率 N（kW）为：

$$N = \left(\frac{1}{100} \sim \frac{1}{120}\right) BL \tag{3-9}$$

对于 600mm×900mm 以下规格的中小型颚式破碎机，功率 N 为：

$$N = \left(\frac{1}{50} \sim \frac{1}{70}\right) BL \tag{3-10}$$

式中 B——给料口宽度，cm；

L——给料口长度，cm。

3.2.3.4 国外颚式破碎机

国外新型颚式破碎机有以下几个特点：

（1）制成大型复摆颚式破碎机。以前大规格的或破碎坚硬物料的颚式破碎机，都采用简摆型，仅中小型规格用复摆型。由于轴承（主要是重载滚动轴承的出现）、材料及设计的改进，大规格的颚式破碎机现在也做成复摆型的，以发挥这种破碎机构造简单、质量轻（轻 20%~30%）及产量高（高 30%）等优点。

（2）广泛用焊接技术。颚式破碎机广泛用焊接机架。小型机用整体焊接机架，大型机由四件或六件焊接架组装而成（六件焊接架是前壁、后壁各一件焊接架，每块侧壁各由上下两件焊接架组装而成），借助于凸条及凹槽定位及螺钉紧固（组合机架），甚至飞轮与皮带轮也用焊接制成。

（3）推广采用滚动轴承。一些专业轴承厂研制了能承受大的冲击负荷、供

破碎机专用的重载波动轴承，其安装方法、密封都有严格规定及要求。

（4）推广采用液压技术及循环润滑系统。如液压控制的保险装置及排料口的调节装置沿动轴承用的稀油循环系统、传动系统的液力联轴器等。

（5）锰钢齿板在强大压力作用下，发生延伸，甚至将动颚下部固定齿板用的凸条挤断国外在楔块与齿板之间放置一条厚约20mm的硬橡皮条，有助于防止这种现象的发生。

（6）齿板用锰含量为12%~14%的高锰钢，对于坚硬物料，可用锰含量达17%~19%，有时还加1%~2%铬或钼的高锰钢。

3.2.4 圆锥式破碎机

圆锥式破碎机广泛应用在各种坚硬物料的破碎作业（包括粗碎、中碎和细碎）中，圆锥式破碎机按用途可分为粗碎用破碎机、中碎用破碎机、细碎及中碎用破碎机三类。

A 粗碎用破碎机

入料的最大尺寸在400~1500mm之间，出料口宽度为75~250mm。破碎时的生产能力达45~1500t/h。

B 中碎用破碎机

入料最大尺寸为75~350mm，出料口宽度为15~50mm。生产能力达50~800t/h。

C 细碎及中碎用破碎机

入料最大尺寸为30~75mm，出料口宽度为3~15mm。生产能力达18~100t/h。

圆锥式破碎机按构造也可分为旋回式圆锥式破碎机、固定轴式（偏心式）圆锥式破碎机和锥形圆锥式破碎机三类。

与颚式破碎机相比较，圆锥式破碎机在性能上具有以下优点：破碎单位重量物料消耗的能量较低；工作均匀而且连续，不像颚式破碎机间断工作因而需要很大的飞轮，具有较高的破碎比。中碎和细碎的圆锥式破碎机在要求产品粒度较细的情况下，还能提供很高的产量并能得到大小较为均匀的产品等。

但圆锥式破碎机也有下列缺点：体型高大，破碎前后物料间有较大的落差；构造复杂，需要精密加工；另附件也较多，因而价格也较高；安装和维修较困难，需要较高的技术水平，调整出料口大小很困难。

对粗碎而言，当进料块大小相同时，如果用一台颚式破碎机能满足产量要求，则一般选用颚式破碎机而不选用圆锥式破碎机，除非在需要两台颚式破碎机时，才有比较大的意义。

但对中碎和细碎而言，情况就不完全一样，因为此时颚式破碎机所能提供的

粉碎比与产量，往往不能满足生产的要求。所以如果能用一台圆锥式破碎机，便能代替两台颚式破碎机；或者当省略以后的工序时，一般采用圆锥式破碎机，特别是在能够满负荷运转的情况下更为有利。

3.2.5 锤式破碎机

3.2.5.1 锤式破碎机的分类

锤式破碎机是利用快速旋转的锤子对物料进行冲击而进行破碎的，广泛用于各种中等硬度物料的中碎与细碎作业。根据其构造的不同，锤式破碎机可按以下特征进行分类。

A 按转子数目分类

（1）单转子锤式破碎机。它是将带有锤子的圆盘安装在一根水平轴上。

（2）双转子锤式破碎机。它装有两根平行的带锤子圆盘的水平轴，两轴相对地旋转。

B 按回转方向分类

（1）定向式。转子朝一个方向旋转。

（2）可逆式。转子朝两个方向旋转。

C 按转子、圆盘排列的数目分类

（1）单排圆盘的锤式破碎机。它里面的锤子排成一列，而且锤子的数目一般不超过5~6个。

（2）双排和多排的锤式破碎机。每一排在同一旋转平面内又可以有3~6个锤子，排数一般为1~20，甚至更多。

锤式破碎机的规格尺寸用锤子端部的直径 D 和转子长度 L 来表示。转子直径与其长度之比通常取0.5~0.8。单转子破碎机的转数 $n=500\sim600\mathrm{r/min}$，而双转子破碎机则为 $n=210\sim300\mathrm{r/min}$。转子的圆周速度一般为25~55m/s。锤子的撞击作用是将它的动能转变成使物料块破碎的功，它与锤子的质量及锤子圆周速度的平方成正比。因此，欲使产品粒度越小，转子的速度应越大（40~55m/s），锤子数目也应越多。如欲得到均匀的中等尺寸的产品，转子速度应低些（20~40m/s），一般破碎建筑材料时，圆周速度为35~45m/s。

圆周速度的大小是决定破碎比大小的重要因素，它与破碎机尺寸、产品粒度和物料的物理机械性质有关。随着圆周速度的增加，破碎比也增加，但产品中细粒级含量也增多，并降低机器的生产率，增加功率消耗，也会引起锤子、筛格和衬板的强烈磨损。

该破碎机给料的湿度不能超过15%，入料尺寸不能大于800~1000mm。单转子锤式破碎机的产品尺寸 d 为2.5~10mm；一般说来，破碎比 i 为10~15；而双转子锤式破碎机的产品尺寸 d 为 20~30mm；其破碎比 i 可达 30~40。

锤式破碎机的优点：生产能力高；破碎比大；构造简单；机器尺寸紧凑；功率消耗少；工作时维护简单；修理和更换零件容易；产品的尺寸均匀和过粉碎少。但是它也存在着一些缺点，锤子与圆盘磨损较快；物料含水分大或含有黏性物料时，则破碎机的箅条容易堵塞从而降低生产率，也容易因此而发生事故。

锤式破碎机最主要的工作零件是锤子，它的形式、尺寸和质量主要取决于处理物料的大小及物料的机械性质。

锤式破碎机锤子的种类如图 3-6 所示。

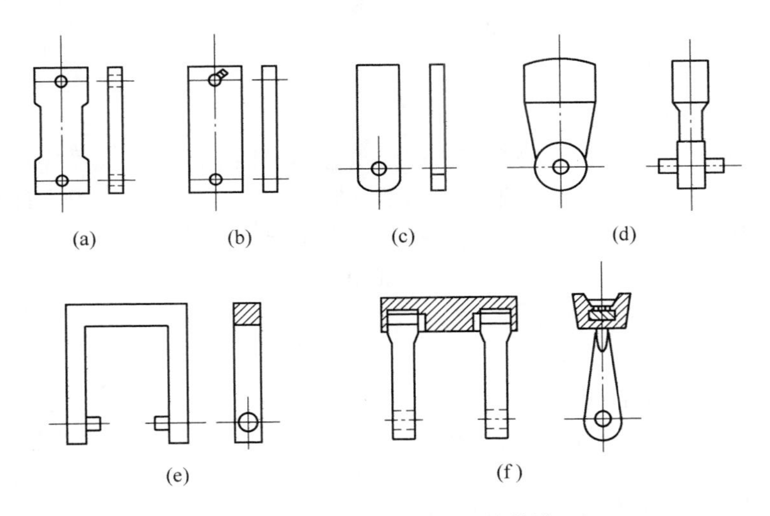

图 3-6 锤式破碎机锤子的种类

图 3-6（a）~（c）适用于破碎 100~200m 的软质和中等硬度的物料，每个锤重从 3.5~15kg 不等。（a）（b）图是两端带孔的，即当磨损后可以调换 4 次使用。（d）图是比较重型的，它的重心离中心较远，故可用于破碎大块（300mm 以上）的中等硬度物料，锤重 30~60kg。（e）（f）图两种主要用于较坚硬的物料，质量达 50~120kg。由于锤头受物料的磨损作用，其端部打击面很快磨损，因此多用锰钢。

3.2.5.2 锤式破碎机主要参数的确定

A 锤式破碎机的生产能力

锤式破碎机的生产能力与转子的长度、卸料箅子箅条间的空隙宽度、箅条与锤子之间空隙的大小、锤的圆周速度、加料情况以及物料的物理性质有关。

锤式破碎机的生产能力随着转子的长度、箅条空隙宽度的增大而提高，随着物料含黏性杂质的增多而降低。

根据以上所述很难用一个式子表示出破碎机生产能力 Q_V 的很多影响条件及变数之间的关系，因此，一般都按以下近似推算的公式进行计算：

$$Q_V = 3.78\frac{Lbd_K Z\mu n}{10^4\alpha}(m^3/h) \tag{3-11}$$

式中 L——出料箅条间隙长度，cm；

b——出料箅条间隙宽度，cm；

d_K——出料块粒度，cm 之为出料箅条数目；

μ——出料松度系数，一般 $\mu=0.05\sim0.2$；

α——出料箅条所对之中心角，(°)；

n——转子转数，r/min。

B 锤式破碎机需要的功率

由于锤式破碎机工作时物料在机内的状态是不稳定的，以及受冲击时的动力学特性很复杂，因此要想从理论上把全部有影响的因素都考虑在内来计算需要功率是很困难的。因此许多学者采用经验公式来确定锤式破碎机的功率。

$$N = (0.1 \sim 0.15)D^2Ln \tag{3-12}$$

式中 N——锤式破碎机的功率，W；

L——转子长度，m；

D——锤子端部直径，m；

n——转子每分钟的转数，r/min。

3.3 建筑垃圾的分选

分选是建筑垃圾的一种处理方法（单元操作），其目的是将建筑垃圾中可回收利用的或不利于后续处理或不符合处置工艺要求的物料分离出来。

建筑垃圾分选有很重要的意义。在建筑垃圾处理处置与回用之前必须进行分选，将有用的成分分选出来加以利用，并将有害的成分分离出来。根据建筑垃圾的物理性质或化学性质（包括粒度、密度、重力、磁性、电性、弹性等），分别采用不同的分选方法，包括筛分、重力分选、磁选、光电分选、摩擦与弹性分选以及最简单有效的人工分选等。

3.3.1 物料分选的一般理论

物料分选的目的是将混合物料中的各种纯净物质分选出来，按分选设备排料口的数量可将分选过程分为两级识别（两个排料口）和多级识别（两个以上排料口）。例如，磁选机只有两个排料口，只能选别出磁性与非磁性物质，因此它是两级分选装置，而一台具有一系列不同大小筛孔的筛分机有多个排料口，能够分选出若干种产品，因而是一种多级分选装置。

3.3.1.1　两级分选机

两级分选机的流程如图3-7所示。在两级分选机中，给入的物料是由X和Y组成的混合物，X、Y为待分选的物料。单位时间内，对于X物料和Y物料，进入分选机的量分别为X_0和Y_0，从第一排出口排出的量分别为X_1和Y_1，从第二排料口排出的量为X_2和Y_2。

图3-7　两级分选机的流程

假定要求该二级分选机将X物料选入第一排料口，将Y物料选入第二排料口，如果该分选机效率足够高，那么X物料都通过第一排料口排出，Y物料都通过第二排料口排出，实际上，从第一排料口排出的物料流中会含有部分Y物料，而从第二排料口中排出的物料流中也会含有部分X物料，因此就存在分选效率的问题。

一般来说，为了全面而精确地评价两级分选机的分选性能，需要用回收率和纯度这两个参数来表征分选机的分选效率。不过在有些情况下例外，例如筛分机，要测定不同粒度的物料的回收情况，则回收率就等于纯度，因为某一级粒度必然透过筛孔，而不可能含有尺寸更大的成分。

A　回收率

所谓回收率指的是单位时间内某一排料口中排出的某一组分的量与进入分选机此组分的量之比。在第一排料口的物流中，X物料的回收率可表示：

$$R_{X_1} = \frac{X_1}{X_0} \times 100\% \tag{3-13}$$

式中　R_{X_1}——X物料的回收率,%；

X_0——单位时间内物料X进入分选机的量，kg；

X_1——单位时间内第一排出口物料X的排出量，kg。

同样在第二排料口的物流中，Y物料的回收率可表示：

$$R_{Y_2} = \frac{Y_2}{Y_0} \times 100\% \tag{3-14}$$

式中　R_{Y_2}——Y物料的回收率,%；

Y_0——单位时间内物料Y进入分选机的量，kg；

Y_2——单位时间内第二排出口物料Y的排出量，kg。

而在整个分选过程中，物料流保持质量平衡：

$$X_0 = X_1 + X_2$$

B　纯度

仅用回收率不能说明分选的效率，可以设想，如果一台两级分选机进行分选达到 $X_2=Y_2=0$，虽然此时 X 物料的回收率达到 100%，但是它根本没有进行分选。因此需要引入第二个工作参数，通常用纯度来表示：

$$P_{X_1}=\frac{X_1}{X_1+Y_1}\times 100\% \tag{3-15}$$

式中　P_{X_1}——X 物料从第一排料口排出的纯度，%。

3.3.1.2　多级分选机

多级分选机可分为两类。第一类多级分选机，其给料中只有 X 和 Y 两种物料，分选机有两个以上的排料口，每一排料口中都有 X 和 Y 物料，但含量不同，其流程如图 3-8 所示。

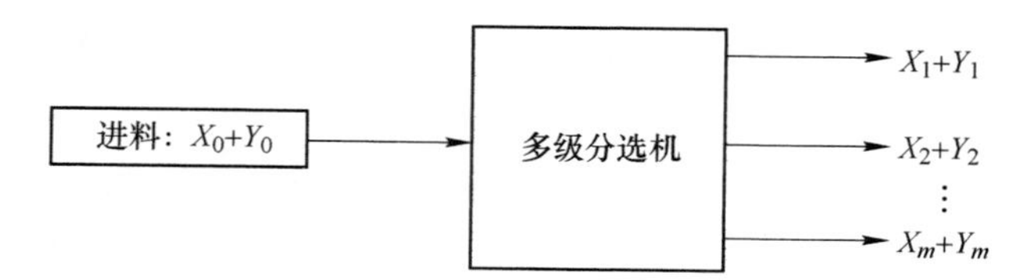

图 3-8　第一类多级分选机的流程

此时，第一排出口物流中 X 物料的回收率是：

$$R_{X_1}=\frac{X_1}{X_0}\times 100\% \tag{3-16}$$

同理，在第一出物流中 X 物料的纯度为：

$$P_{X_1}=\frac{X_1}{X_1+Y_1}\times 100\% \tag{3-17}$$

在第 m 个出料口中，X 物料的回收率为：

$$R_{X_m}=\frac{X_m}{X_0}\times 100\% \tag{3-18}$$

第二类多级分选机是最常用的，进料中含有几种成分（X_{10}，X_{20}，X_{30}，…，X_{n0}），要分选出的 m 种物料，在第一排出物流中，X_{11} 是 X_1 物料最终进入第一排出物流中的部分；X_{21} 是第二物料 X_2 进入第一排出物流中的部分，其流程如图 3-9 所示。

此时，X_1 在第一排出物流中的回收率为：

$$R_{X_{11}}=\frac{X_{11}}{X_{10}}\times 100\% \tag{3-19}$$

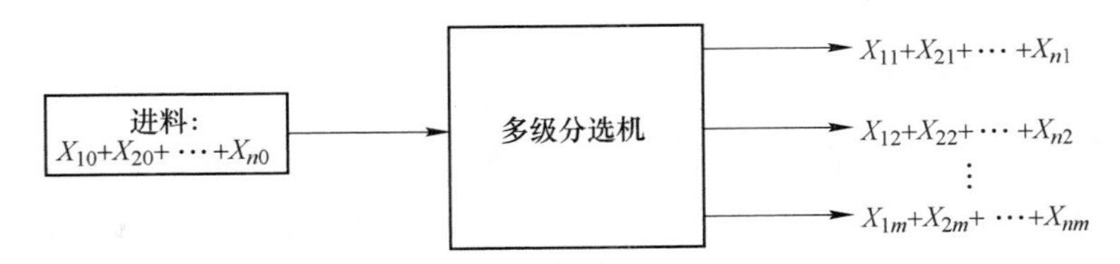

图 3-9　第一类多级分选机的流程

在第一排出物流中 X_1 的纯度为:

$$P_{X_{11}} = \frac{X_{11}}{X_{11} + X_{21} + \cdots + X_{n1}} \times 100\% \tag{3-20}$$

3.3.1.3　综合分选效率

在实际工作中采用两参数（回收率和纯度）来评价一台分选机的工作性能并不方便。雷特曼提出了综合分选效率这一参数，对于给料中含有 X 和 Y 两种物料的两级分选过程来说，雷特曼定义其综合分选效率为:

$$E_{(X,\ Y)} = \left|\frac{X_1}{X_0} - \frac{Y_1}{Y_0}\right| \times 100\% = \left|\frac{X_2}{X_0} - \frac{Y_2}{Y_0} \times 100\%\right| \tag{3-21}$$

互雷提出另一种方法，同样也能得出评价两级分选机性能的综合分选效率，即综合分选效率等于第一排出物流中 X 的回收率与第二排出物流中 Y 的回收率的乘积，其式如下:

$$E_{(X,\ Y)} = \left(\frac{X_1}{X_0}\right)\left(\frac{Y_1}{Y_0}\right) \times 100\% \tag{3-22}$$

3.3.2　筛分

3.3.2.1　筛分原理

筛分是利用筛子将粒度范围较宽的颗粒群分成窄级别的作业。该分离过程可看作是由物料分层和细粒透筛两个阶段组成的。物料分层是分离的条件，细粒透筛是分离的目的。

物料筛分过程中，物料和筛面之间具有适当的相对运动，筛面上的物料层处于松散状态，即物料按颗粒大小分层，粗粒位于上层，细粒处于下层，细粒到达筛面并透过筛孔。同时，物料和筛面的相对运动使堵在筛孔上的颗粒脱离筛孔，便于细粒透过筛孔。细粒透筛的前提是粒度小于筛孔，按照其透筛的难易程度可将细粒分为“易筛粒”和“难筛粒”。“易筛粒”的粒度小于筛孔尺寸 3/4 的颗粒，很容易通过粗粒形成的间隙到达筛面而透筛；“难筛粒”的粒度大于筛孔尺寸 3/4 的颗粒，很难通过粗粒形成的间隙，而且粒度越接近筛孔尺寸就越难透筛。

3.3.2.2 筛分分类

根据筛分在工艺过程中应完成的任务，筛分作业可分为以下6类：

（1）独立筛分的目的是获得符合用户要求的最终产品。

（2）准备筛分的目的是为下一步作业做准备。

（3）预先筛分在破碎之前进行的筛分，目的是预先筛分出合格或无需破碎的产品，提高破碎作业的效率，防止过度破碎并节省能源。

（4）检查筛分对破碎的产品进行筛分，又称为控制筛分。

（5）选择筛分利用物料中的有用成分在各粒级中的分布，或者性质上的显著差异来进行筛分作业。

（6）脱水筛分脱出物料中的水分，该法常用于废物脱水或脱泥。

3.3.2.3 筛分效率及其影响因素

A 筛分效率

筛分效率是评定筛分设备分离效率的一个指标。从理论上讲，物料中粒度小于筛孔尺寸的细粒都能透过筛孔成为筛下产品，而大于筛孔尺寸的粗粒应全部留在筛上排出成为筛上产品。但是，实际上由于筛分过程中受诸多因素的影响，总会有一些小于筛孔的细粒留在筛上成为筛上产品。

筛分效率是指实际得到的筛下产品质量与入筛物料中所含小于筛孔尺寸的细粒物料质量之比，用百分数表示，即：

$$E = \frac{Q_1}{Q\frac{\alpha}{100}} \times 100\% = \frac{100Q_1}{Q\alpha} \times 100\% \tag{3-23}$$

式中 E——筛分效率,%；

Q——入筛物料质量，kg；

Q_1——筛下产品质量，kg；

α——入筛物料中小于筛孔的细粒含量,%。

假定筛下产品中没有大于筛孔尺寸的粗粒，可以列出以下两个方程式：

物料入筛质量（Q）等于筛上产品质量（Q_2）和筛下品质量（Q_1）之和，即：

$$Q = Q_1 + Q_2 \tag{3-24}$$

物料中小于筛孔尺寸的细粒质量等于筛上产品与品中所含有小于筛孔尺寸的细粒质量之和，即：

$$Q\alpha = Q_1 + Q_2\theta \tag{3-25}$$

式中 θ——筛上产品中小于筛孔尺寸的细粒质量分数,%。

由式（3-24）和式（3-25）得：

$$Q_1 = \frac{(\alpha - \theta)Q}{1 - \theta} \tag{3-26}$$

由式（3-23）和式（3-26）得：

$$E = \frac{100(\alpha - \theta)}{\alpha(1 - \theta)} \times 100\% \tag{3-27}$$

由于在实际筛分过程中 Q_1 和 Q 的测定是比较困难的，一般采用式（3-27）来计算筛分设备的筛分效率。

必须指出，计算筛分效率的式（3-27）是在筛下产品100%都是小于筛孔尺寸（$\beta=100\%$）的前提下推导出来的。实际生产中由于筛网磨损而常有部分大于筛孔尺寸的粗粒进入筛下产品。此时，应该用 $Q_1\beta$ 取代式（3-27）的筛下产品项 Q，即：

$$E = \frac{100\beta(\alpha - \theta)}{\alpha(\beta - \theta)} \times 100\% \tag{3-28}$$

式中　β——筛下产品中小于筛孔尺寸的细粒质量分数，%。

当筛网磨损严重时，采用式（3-28）来计算筛分效率。

B　筛分效率的影响因素

a　筛分物料性质

物料的筛分效率与筛分物料的尺寸分布、颗粒形状、含水率和含泥量密切相关。

建筑垃圾颗粒的尺寸分布对筛分效率影响较大。废物中“易筛粒”含量越多，筛分效率越高；而粒度接近筛孔尺寸的“难筛粒”越多，筛分效率则越低。

建筑垃圾颗粒形状对筛分效率也有影响，相对而言，球形、立方形、多边形颗粒的筛分效率较高；而当用方形或圆形筛孔的筛子筛分扁平状或长方块颗粒物时，其筛分效率则低。

线状物料如废电线、管状物质等，必须以一端朝下的“穿针引线”方式缓慢透筛，物料越长，透筛越难。在圆盘筛中，这种线状物的筛分效率会高些。而对于平面状的物料如塑料膜、纸、纸板类等，会大片地覆在筛面上，形成“盲区”而堵塞大片的筛分面积，从而大大降低物料的筛分效率。

建筑垃圾的含水率和含泥量对筛分效率也有一定的影响。当筛孔较小时，废物外表水分会使细粒结团或附着在粗粒上而不易透筛；当筛孔较大、废物含水率较高时，反而造成颗粒活动性的提高，此时水分有促进细粒透筛作用。水分影响还与含泥量有关，当废物中含泥量高时，稍有水分也能引起细粒结团。

b　筛分设备性能

筛分设备的筛分效率与其筛面的有效面积密切相关，常见的筛面有棒条筛面、钢丝编织筛网及钢板冲孔筛面三种。棒条筛面有效面积小，筛分效率低；钢丝编织筛网有效面积大，筛分效率高；钢板冲孔筛面介于两者之间。

筛子运动方式对筛分效率有较大的影响，不同类型的筛分设备，其筛子运动方式不同，其筛分效率也不同。同一种固体废物采用不同类型的筛子进行筛分时，其筛分效率也不一样，其具体筛分效率见表 3-1。

表 3-1　不同类型筛子的筛分效率

筛子类型	固定筛	转筒筛	摇动筛	振动筛
筛分效率/%	50~60	60	70~80	90 以上

筛面倾角的大小决定了筛上产品的排出速度，一般较适宜筛分倾角为 15°~25°。倾角过小不利于筛上产品的排出；倾角过大，则废物排出速度过快，筛分时间短，筛分效率低。

筛面宽度也是影响筛分设备处理能力的一个重要因素，筛面长度则影响筛分效率，一般宽长比为 1：(2. 5~3)。负荷相同时，过窄的筛面使废物层增厚而不利于细粒接近筛面，过宽的筛面则又使废物筛分时间太短。

c　筛分操作条件

筛分操作中若连续均匀给料，使废物沿整个筛面宽度铺成一薄层，既充分利用筛面，又便于细粒透筛，可以提高筛子的处理能力和筛分效率。筛面的及时清理和维修也是保证筛分效率的重要条件。

筛分设备振动不足时，物料不易松散分层，使透筛困难；振动过于剧烈时，物料来不及透筛，便又一次被卷入振动中，使废物很快移动至筛面末端，而被排出，也使筛分效率不高。因此，对振动筛应调节振动频率与振幅等；对滚筒筛而言，重要的是转速的调节，应使振动程度维持在最适水平。

3. 3. 2. 4　筛分设备类型及其选择

A　筛分设备类型

在固体废物处理中最常用的筛分设备有固定筛、振动筛和滚筒筛三种类型。

a　固定筛

筛面由许多平行排列的筛条组成，可以水平安装或倾斜安装。其特点是构造简单、不耗用动力、设备费用低和维修方便，在建筑垃圾分选中被广泛应用。固定筛又可分为格筛和棒条筛两种：

（1）格筛一般安装在粗碎机之前，作用是确保入料粒度适宜。

（2）棒条筛的筛孔尺寸一般小于 50mm，适用于筛分粒度大于 50mm 的粗粒废物。棒条筛一般安装在粗碎和中碎之前，安装时倾角应大于废物对筛面的摩擦角，一般为 30°~35°，以保证物料沿端面下滑。棒条筛筛孔尺寸要求为筛下物料

粒度的1.1~1.2倍，其筛条宽度应大于固体废物中最大粒度的2.5倍。

b 振动筛

振动筛是许多工业部门应用非常广泛的一种设备。它的特点是振动方向与筛面垂直或近似垂直，振动次数600~3600r/min，振幅0.5~1.5mm。物料在筛面上发生离析现象，密度大而粒度小的颗粒钻过密度小而粒度大的颗粒间的空隙，进入下层达到筛面。振动筛的适宜倾角一般为8°~40°。倾角过小会使物料移动缓慢，导致单位时间内的筛分效率降低。但倾角过大会使物料在筛面上移动过快，使密度大、粒度小的物料往往还未充分透筛即排出筛外，从而导致筛分效率降低。

振动筛由于筛面强烈振动，消除了堵塞筛孔的现象，有利于湿物料的筛分，可用于建筑垃圾粗粒、中粒及细粒的筛分。振动筛主要有共振筛和惯性振动筛两种：

(1) 共振筛。共振筛的构造及工作原理如图3-10所示，其筛箱、弹簧及下机体组成了一个弹性系统，该弹性系统固有的自振频率与传动装置的强迫振动频率接近或相同时，利用连杆上装有弹簧的曲柄连杆机构驱动筛子在共振状态下筛分，故称为共振筛。

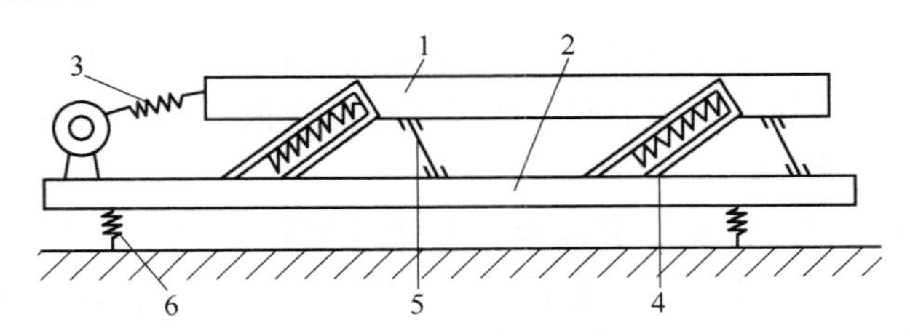

图3-10 共振筛的构造及工作原理

1—上筛箱；2—下机体；3—传动装置；4—共振弹簧；5—板簧；6—支撑弹簧

共振筛的工作过程是筛箱的动能和弹簧的位能相互转化的过程，在工作时仅需补充克服阻尼的能量，所以，这种箱子虽然机体质量大，但功率消耗却很小。

共振筛的优点有处理能力大、筛分效率高、耗电少以及结构紧凑，是一种有发展前途的筛子；但同时也有制造工艺复杂、机体质量大、橡胶弹簧易老化等缺点。

(2) 惯性振动筛。惯性振动筛的构造及工作原理如图3-11所示，它是通过由不平衡体的旋转所产生的离心惯性力驱动筛箱产生振动而进行物料筛分的。

惯性振动筛适用于粒径0.1~15mm的细粒废物的筛分，也可用于潮湿及黏性废物的筛分。

c 滚筒筛

滚筒筛也称转筒筛，为一缓慢旋转（一般转速控制在10~15r/min）的圆柱

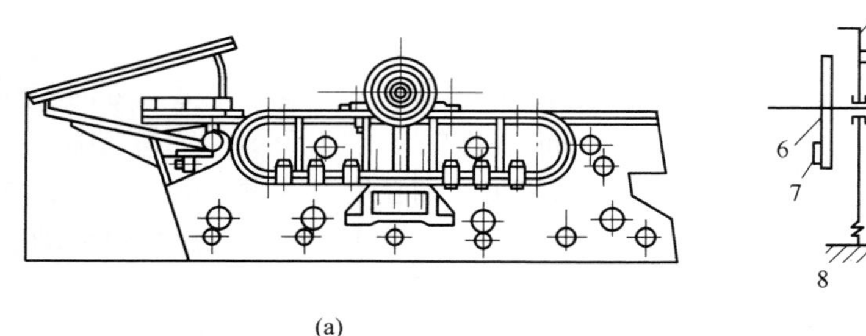

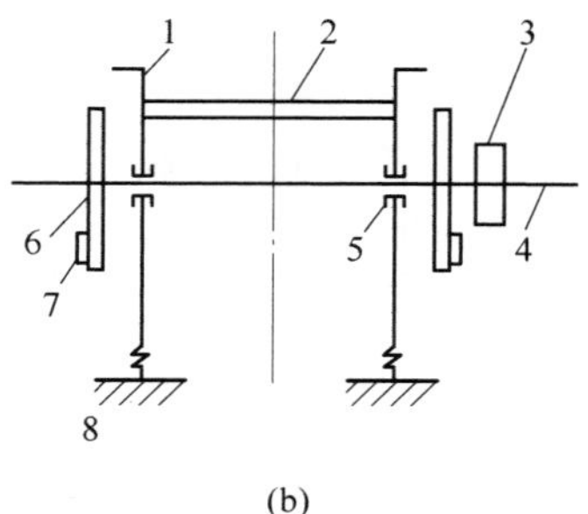

(a) (b)

图 3-11 惯性振动筛的构造及工作原理

(a) 构造图；(b) 工作原理图

1—筛箱；2—筛网；3—皮带轮；4—主轴；5—轴承；6—配重轮；7—重块；8—板簧

形筛分面，筛筒轴线倾角一般以 3°~5°安装。最常用的筛面是冲击筛板，也可以是各种材料编织成的筛网，但筛网筛面不适用筛分线状物料。

筛分时，物料由稍高一端送入，随即跟着转筒在筛内不断翻滚，细颗粒最终穿过筛孔而透筛。滚筒筛倾斜角度决定了物料轴向运行速度，而垂直于筒轴的物料行为则由转速决定。物料在筛子中的运动有 3 种状态：

（1）沉落状态。筛子的转速很低，物料颗粒由于筛子的圆周运动而被带起，然后滚落到向上运动的颗粒层上面，此时物料混合很不充分，中间细料不易移向边缘而触及筛孔，筛分效率很低。

（2）抛落状态。当转速足够高但又低于临界速度时，颗粒克服重力作用沿筒壁上升，直至到达转筒最高点之前。这时重力超过了离心力，颗粒沿抛物线轨迹落回筛底。这种情况下，颗粒以可能的最大距离下落（如转筒直径），翻滚程度最为剧烈，很少有堆积现象发生，物料以螺旋状前进方式移出滚筒筛，筛子的筛分效率最高。

（3）离心状态。若滚筒筛的转速进一步提高，达到某一临界速度，物料由于离心作用附着在筒壁上而无下落、翻滚现象，这时的筛分效率很低。

在实际操作中，应尽可能使物料处于最佳的抛落状态。根据经验，筛子的最佳速度约为临界速度的 45%。不同的负荷条件下的试验数据表明，筛分效率随倾角的增大而迅速降低。随着筛分器负荷增加，物料在筒内所占容积比例增加。这时，要达到抛落状态的转速以及功率要求也随之增加。实际上，筛子完全充满时，已无可能进入抛落状态。

B 筛分设备的选择

在选择应用筛分设备时应考虑如下因素：

（1）颗粒大小、形状、PSD、整体密度、含水率、黏结或缠绕的可能。

（2）筛分器的构造材料，筛孔尺寸、形状，筛孔所占筛面比例，转筒筛的

转速、长与直径，振动筛的振动频率、长与宽。

（3）筛分效率与总体效果要求。

（4）运行特征如能耗、日常维护、运行难易、可靠性、噪声、非正常振动与堵塞的可能等。

3.3.3 重力分选

固体废物的重力分选方法有很多，按原理可分为风力分选、跳汰分选、重介质分选、摇床分选和惯性分选等。重力分选是根据固体废物中不同物质颗粒间的密度差异，在运动介质中受到重力、介质动力和机械力的作用，使颗粒群产生松散分层和迁移分离，从而得到不同密度产品的分选过程。重力分选的介质有空气、水、重液（密度比水大的液体）、重悬浮液等。

各种重力分选过程的工艺特点是：

（1）固体废物中颗粒间必须存在密度差异。

（2）分选过程在运动介质中进行。

（3）在重力、介质动力及机械力的综合作用下，颗粒群松散并按密度分层。

（4）分好层的物料在运动介质流的推动下互相迁移，彼此分离，并获得不同密度的最终产品。

建筑垃圾的重力分选方法一般采用风力分选和惯性分选。

3.3.3.1 风力分选

A 风力分选原理

风力分选是以空气为分选介质，将轻物料从较重物料中分离出来的一种方法，又称为气流分选。风力分选的分离过程如下：具有低密度、空气阻力大的轻质部分（提取物）和具有高密度、空气阻力小的重质部分（排出物）先得到分离，轻颗粒进一步从气流中分离出来。后一分离步骤常由旋流器完成，与除尘原理相似。

风选过程中实际风压小于 1MPa，空气的压缩性可忽略不计，在计算中可视为密度和黏度都较小的液体介质，颗粒在水中的沉降规律也同样适用于在空气中的沉降。同时由于空气密度较小，与颗粒密度相比之下可忽略不计，故颗粒在空气中的沉降末速 v_0 为：

$$v_0 = \sqrt{\frac{\pi d \rho_s g}{6 \psi \rho}} \tag{3-29}$$

式中 d——颗粒的直径，m；

ρ_s——颗粒的密度，kg/m³；

ρ——空气的密度，kg/m³；

ψ——阻力系数；

g——重力加速度，m/s^2。

由式（3-29）可知，由于颗粒的沉降末速同时与颗粒的密度、粒度及形状有关，在同一介质中，密度、粒度和形状不同的颗粒在特定的条件下，可以具有相同的沉降速度。这些具有相同的沉降速度的颗粒称为等降颗粒。其中，密度小的颗粒粒度 d_{r1} 与密度大的颗粒粒度 d_{r2} 之比，称为等降比，以 e_0 表示，即：

$$e_0 = \frac{d_{r1}}{d_{r2}} \tag{3-30}$$

假设两等降颗粒的沉降末速分别为 v_{01} 和 v_{02}，则：

$$\sqrt{\frac{\pi d_1 \rho_{s1} g}{6 \psi_1 \rho}} = \sqrt{\frac{\pi d_2 \rho_{s2} g}{6 \psi_2 \rho}}$$

$$\frac{d_1 \rho_{s1}}{\psi_1} = \frac{d_2 \rho_{s2}}{\psi_2}$$

即

$$e_0 = \frac{d_1}{d_2} = \frac{\psi_1 \rho_{s1}}{\psi_2 \rho_{s2}} \tag{3-31}$$

式（3-31）为自由沉降等降比 e_0 的通式。从公式可见，等降比 e_0 与两种颗粒的密度之比 ρ_{s2}/ρ_{s1} 成正比；而且与阻力系数 ψ 有关。理论与实践都表明，e_0 将随颗粒粒度变细而减小。颗粒在空气中的等降比远小于在水中的等降比，为其1/5~1/2。为了提高分选效率，在风选之前一般将废物进行窄分级，或经破碎使粒度均匀后，使其按密度差异进行分选。

在风选过程中常采用上升气流。因为颗粒在空气中沉降时，所受到的阻力远小于在水中沉降时所受到的阻力，颗粒在静止空气中沉降到达末速所需的时间和沉降距离都较长。而上升气流可以缩短颗粒达到沉降末速的时间和距离。颗粒在上升气流中达到沉降末速时，颗粒的沉降速度 v_0 等于颗粒对介质的相对速度 v_0 和上升气流速度 u_a 之差，即：

$$v_0' = v_0 - u_a \tag{3-32}$$

式中 v_0'——颗粒的沉降速度，m/s；

v_0——颗粒对介质的相对速度，m/s；

u_a——上升气流速度，m/s。

颗粒在实际的风选过程中的运动是干涉沉降。在干涉条件下，当上升气流速度远小于颗粒的自由沉降末速时，颗粒群呈悬浮状态。颗粒群的干涉末速 v_{hs} 为：

$$v_{hs} = v_0(1 - \lambda)^n \tag{3-33}$$

式中 v_{hs}——颗粒群的干涉末速，m/s；

λ——物料的容积浓度，%；

n——大小与物料的粒度及状态有关，多介于2.33~4.65之间。

在颗粒达到末速保持悬浮状态时，上升气流速度 u_a 和颗粒群的干涉末速 v_{hs} 相等。使颗粒群开始松散和悬浮的最小上升气流速度 u_{min} 为：

$$u_{min} = 0.125\, v_0 \tag{3-34}$$

式中 u_{min}——使颗粒群开始松散和悬浮的最小上升气流速度，m/s。

在干涉沉降条件下，应根据固体废物中各种物质的性质，通过试验确定使颗粒群按密度分选的上升气流速度。

以上分析是针对上升气流分选器（立式风力分选器）而言。在水平气流分选器（卧式风力分选器）中，物料是在空气动压力及本身重力作用下按粒度或密度进行分选的。图 3-12 所示为水平气流分选器工作时颗粒 d 的受力分析，可以看出，如在缝隙处有一直径为的球形颗粒，并且通过缝隙的水平气流为 u 时，那么，颗粒将受到空气的动压力和颗粒本身的重力的作用：

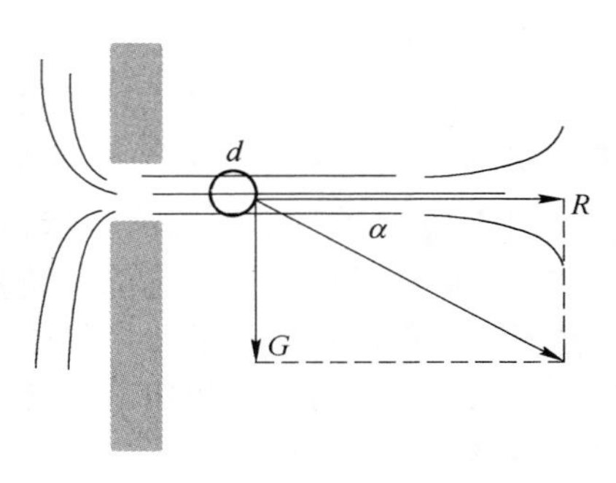

图 3-12 颗粒 d 的受力分析

空气的动压力 R 为：

$$R = \psi d^2 u^2 \rho \tag{3-35}$$

式中 d——球形颗粒的直径，m；

ψ——阻力系数；

ρ——空气的密度，kg/m³；

u——水平气流的速度，m/s。

颗粒本身的重力 G 为：

$$G = mg = \frac{\pi d^3 \rho_s}{6} g \tag{3-36}$$

式中 m——颗粒的质量，kg；

ρ_s——颗粒的密度，kg/m³。

颗粒的运动方向与水平方向的夹角 α 的正切值

$$\tan\alpha = \frac{G}{R} = \frac{\pi d^3 \rho_s g}{6\psi d^2 u^2 \rho} = \frac{\pi d \rho_s g}{6\psi d^2 \rho} \tag{3-37}$$

由式（3-37）可知，当水平气流速度一定、颗粒粒度相同时，密度大的颗粒沿着与水平夹角较大的方向运动；密度较小的颗粒则沿着夹角较小的方向运动，从而达到按密度差异分选的目的。

通过理论分析，有人提出一些特别适用于气流分选的经验模型，达拉法尔（Dallavelle）提出如下模型（适用于立式风力分选机）：

$$v = \frac{13300\gamma}{\gamma + 1} d^{0.57} \tag{3-38}$$

式中 v——气流速度，m/s；

d——颗粒直径，m；

γ——颗粒密度，g/cm^3。

对于水平式气流风选机，达拉法尔提出用式（3-38）来确定气流速度

$$v = \frac{6000\gamma}{\gamma + 1}d^{0.398} \tag{3-39}$$

B 风力分选设备及应用

按气流吹入风选设备内的方向不同，风选设备可分为两种类：上升气流风选机（又称为立式风力分选机）和水平气流风选机（又称为卧式风力分选机）。

图 3-13 所示为水平气流风选机的构造和工作原理。该机从侧面送风，固体废物经破碎机破碎和圆筒筛筛分使其粒度均匀后，定量送入机内，当废物在机内下落时，被鼓风机鼓入的水平气流吹散，固体废物中各种组分沿着不同运动轨迹分别落入重质组分、中重组分和轻质组分收集槽中。有经验表明，水平气流风选机的最佳风速为 20m/s。

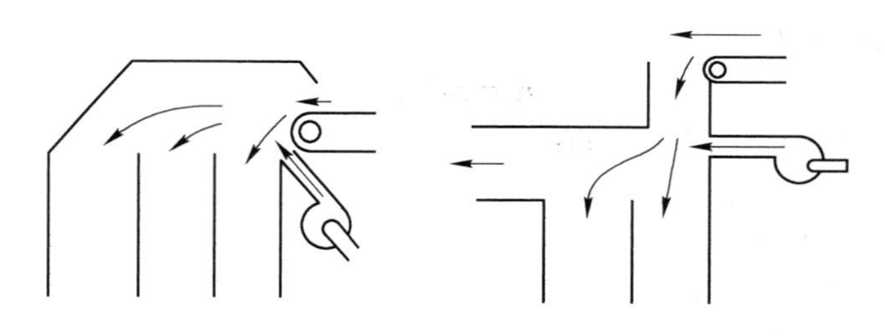

图 3-13 水平气流风选机的构造和工作原理

水平气流风选机构造简单，维修方便，但分选精度不高。一般很少单独使用，常与破碎、筛分、立式风力分选机组成联合处理工艺。

立式风力分选机的构造和工作原理如图 3-14 所示。根据风机与旋流器安装位置不同，该风选机可有三种不同的结构形式，但其工作原理大同小异：经破碎后的建筑垃圾从中部给入风力分选机，物料在上升气流作用下，垃圾中各组分按密度进行分离，重质组分从底部排出，轻质组分从顶部排出，经旋风分离器进行气固分离。立式风力分选机分选精度较高。

研究表明，要使物料在分选机内达到较好的分选效果，就要使气流在分选筒内产生湍流和剪切力，从而把物料团块进行分散。为达这一目的，对分选筒进行了改造，比较成功的有锯齿形、振动式和回转式风力分选机，如图 3-15 所示。

为了取得更好的分选效果，通常可以将其他的分选手段与风力分选在一个设备中结合起来，例如振动式风力分选机和回转式分选机。前者是兼有振动和气流

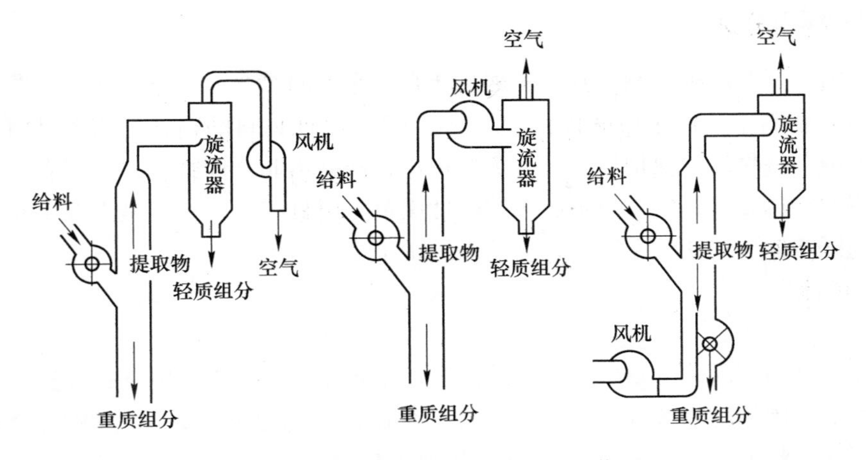

图 3-14 立式风力分选机的构造和工作原理

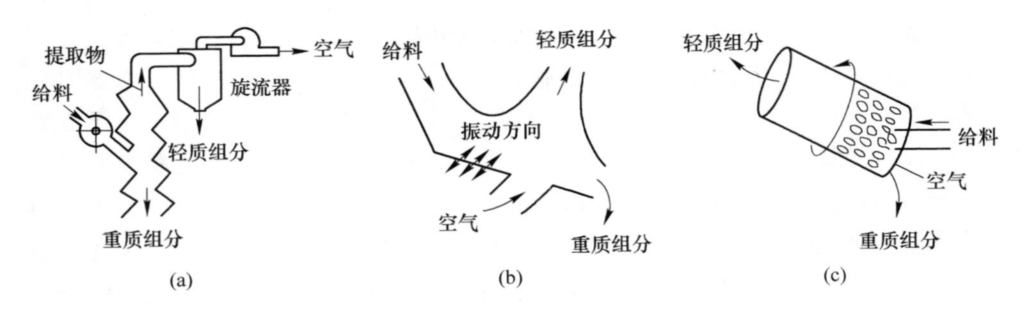

(a) (b) (c)

图 3-15 锯齿形、振动式和回转式风力分选机

（a）锯齿形气流分选；（b）振动式气流分选；（c）回转式气流分选

分选的作用，它是让给料沿着一个斜面振动，较轻的物料逐渐集中于表面层，随后由气流带走；后者实际上兼有圆筒筛的筛分作用和风力分选的作用，当圆筒旋转时，较轻颗粒悬浮在气流中而被带往集料斗，较重和较小的颗粒则透过圆筒壁上的筛孔落下，较重的大颗粒则在圆筒的下端排出。

3.3.3.2 惯性分选

惯性分选又称为弹道分选，是用高速传输带、旋流器或气流等水平方向抛射粒子，利用由于密度、粒度不同而形成的不同惯性，粒子沿抛物线运动轨迹不同的性质，达到分离的目的的方法。

惯性是阻止物体运动的力，其大小由密度决定。

普通的惯性分选器有弹道分选器、旋风分离器、振动板以及倾斜的传输带、反弹分选器。

3.3.4 磁力分选

磁力分选有两种类型，其中一类是通常意义上的磁选，它主要应用于两个方面：(1) 供料中磁性杂质的提纯、净化；(2) 磁性物料的精选。前者是清除建筑垃圾中杂铁物质以保护后续设备免遭损坏，产品为非磁性物料，而后者用于铁磁矿石的精选和从建筑垃圾中回收铁磁性黑色金属材料。另一类是近二十年发展起来的磁流体分选法，在建筑垃圾的分选中很少采用。

3.3.4.1 磁选原理

磁选是利用固体废物中各种物质的磁性差异在不均匀磁场中进行分选的一种处理方法。固体废物按其磁性大小可分为强磁性、弱磁性、非磁性等不同组分。磁选过程是将固体废物输入磁选机，其中的磁性颗粒在不均匀磁场作用下被磁化，受到磁场吸引力的作用。除此之外，所有穿过分选装置的颗粒，都受到诸如重力、流动阻力、摩擦力、静电力和惯性力等机械力的作用。若磁性颗粒受力满足 $F_{磁}>\sum F_{机}$（其中 $F_{磁}$ 为作用于磁性颗粒的吸引力，$\sum F_{机}$ 为与磁性引力方向相反的各机械力的合力），则该磁性颗粒就会沿磁场强度增加的方向移动直至被吸附在滚筒或带式收集器上，而后随着传输带运动而被排出。而非磁性颗粒所受到的机械力占优势。对于粗粒，重力和摩擦力起主要作用；而对于细粒，静电引力和流体阻力则较明显。在这些作用下，它们仍会留在废物中而被排出。因此，磁选是基于固体废物各组分的磁性差异，作用于各种颗粒上的磁力和机械力的合力不同，使它们的运动轨迹也不同，从而实现分选作业。

3.3.4.2 磁选设备

磁选机中使用的磁铁有两类：电磁和永磁。电磁是用通电方式磁化或极化铁磁材料；永磁是利用永磁材料形成磁区，其中永磁较为常用。回收应用中的磁铁的布置多种多样，最常见的几种设备介绍如下：

(1) 湿式 CTN 型永磁圆筒式磁选机。其构造型式为逆流型（图 3-16），其给料方向和圆筒旋转方向（即磁性物质的移动方向）相反。物料通过给料箱直接进入圆筒的磁系下方，非磁性物质由磁系左边下方的底板上排料口排出，磁性物质随圆筒沿给料相反的方向移至磁性物质排料端，排入磁性物质收集槽中。

这种设备可回收建筑垃圾中的铁和粒度为不大于 0.6mm 强磁性颗粒。

(2) 磁力滚筒。又称磁滑轮，有永磁和电磁两种，其中 CT 型永磁滚筒（图 3-17）应用较多。这种设备的主要组成部分是一个回转的多极磁系和套在磁系外

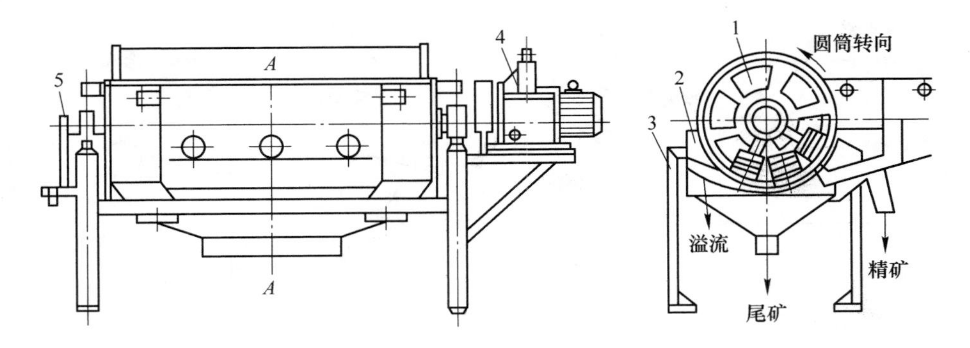

图 3-16 湿式 CTN 型永磁圆筒式磁选机

1—圆筒；2—槽体；3—机架；4—传动部分；5—转向装置

面的用不锈钢或铜、铝等非导磁材质制成的圆筒。磁系与圆筒固定在同一个轴上，安装在皮带运输机头部（代替传动滚筒）。

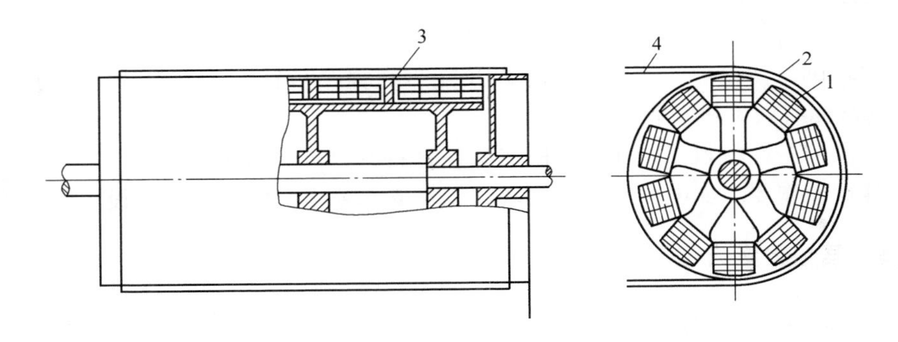

图 3-17 CT 型永磁滚筒

1—多级磁系；2—圆筒；3—磁导板；4—皮带

将建筑垃圾均匀地铺在皮带运输机上，当废物经过磁力滚筒时，非磁性或磁性很弱的物质在离心力和重力作用下脱离皮带面；磁性较强的物质受磁力作用被吸在皮带上，并由皮带输送至磁力滚筒的下部，当皮带离开磁力滚筒伸直时，由于磁场强度减弱而落入磁性物质收集槽中。这种设备主要用于建筑垃圾的破碎设备前，以除去废物中的铁器，防止损坏破碎设备。

（3）悬吊磁铁器。其主要用来去除建筑垃圾中的铁器以保护破碎设备及其他设备免受损坏。通常悬吊磁铁器中的除铁器有一般式和带式两种类型（图 3-18）。一般式除铁器是通过切断电磁铁的电流排除铁物，而带式除铁器则是通过胶带装置排除铁物。建筑垃圾中铁器数量少时采用一般式，铁物数量多时采用带式。

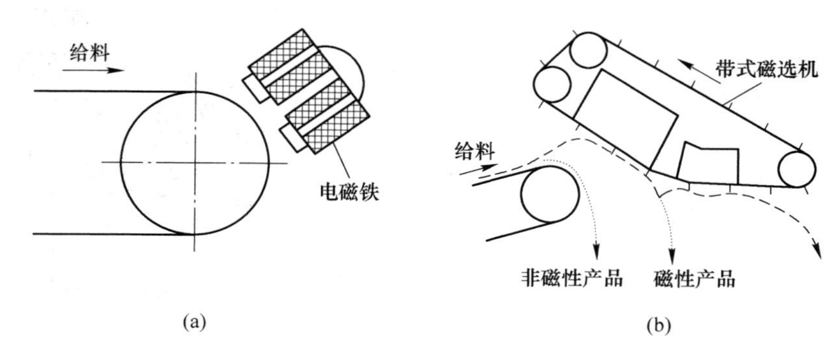

图 3-18　除铁器

（a）一般式除铁器；（b）带式除铁器

3.3.4.3　磁选装置的选择

选择磁选装置时应考虑如下因素：

（1）供料传输带和产品传输带的位置关系。

（2）供料传输带的宽度、尺寸以及能否在整个传输带的宽度上有足够的磁场强度从而有效地进行磁选。

（3）与磁性材料混杂在一起的非磁性材料的数量与形状。

（4）操作要求如电耗、空间要求、结构支撑要求、磁场强度、设备维护等。

3.3.5　其他分选方法

3.3.5.1　摩擦与弹跳分选

A　摩擦与弹跳分选原理

摩擦与弹跳分选是根据建筑垃圾中各组分摩擦系数和碰撞系数的差异，在斜面上运动或与斜面碰撞弹跳时，产生不同的运动速度和弹跳轨迹而实现相互分离的一种处理方法。

建筑垃圾沿斜面从上向下运动时，其运动方式与运动速度随颗粒的形状或密度不同而不同。其中纤维状废物和片状废物（如塑料碎片、细长的竹木条）几乎全靠滑动，其运动速度不快，脱离斜面抛出的初速度较小；球形颗粒则是滑动、滚动和弹跳相结合的运动，其加速度较大，运动速度较快，脱离斜面抛出的初速度也较大。同时，当建筑垃圾离开斜面抛出时，又因受空气阻力的影响，抛射轨迹并不严格沿着抛物线前进，其中纤维废物和片状废物由于形状特殊，受空气阻力影响较大，在空气中减速很快，抛射轨迹表现严重的不对称（抛射开始接近抛物线，其后接近垂直落下），从而抛射不远；接近球形的建筑垃圾颗粒，受空气阻力影响较小，在空气中运动减速较慢，抛射轨迹表现对称，抛射较远。因

此，纤维状废物与片状废物脱离斜面抛出的初速度小且离开斜面后受空气阻力的影响大，而颗粒废物脱离斜面抛出的初速度较大且离开斜面后受空气阻力影响较小，两者的抛射距离相差较大，因而可以彼此分离。

建筑垃圾自一定高度给到斜面上时，其中废纤维、有机垃圾和灰土等近似塑性碰撞，不产生弹跳；而砖瓦、金属块、混凝土块、碎玻璃、废橡胶等则属弹性碰撞，产生弹跳，跳离碰撞点较远，两者运动轨迹不同，因而得以分离。

B 摩擦与弹跳分选设备

a 斜板运输分选机

斜板运输分选机的工作原理如图 3-19 所示。斜板运输分选机分选建筑垃圾时，物料通过给料皮带运输机从分选机下半部的上方送入，其中砖瓦、混凝土块、金属块、玻璃等与斜板板面产生弹性碰撞，向板面下部弹跳，从分选机下端排入重弹性产物收集仓，而塑料、纸板、木屑等与斜板板面之间为塑性碰撞，不产生弹跳，随斜板运输板向上运动，从斜板上端排入轻非弹性产物收集仓，从而实现分离。

b 带式筛

带式筛实际上是一种带有振打装置倾斜安装的运输带，如图 3-20 所示。其带面由筛网或刻沟的胶带制成。带面安装倾角的大小介于颗粒废物摩擦角和纤维废物摩擦角之间。

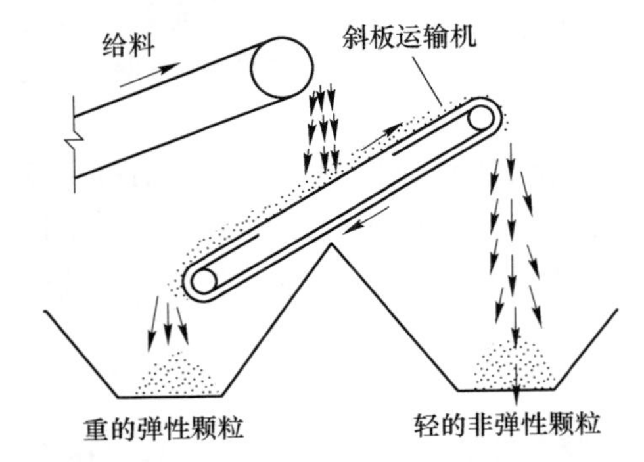

图 3-19 斜板运输分选机工作原理

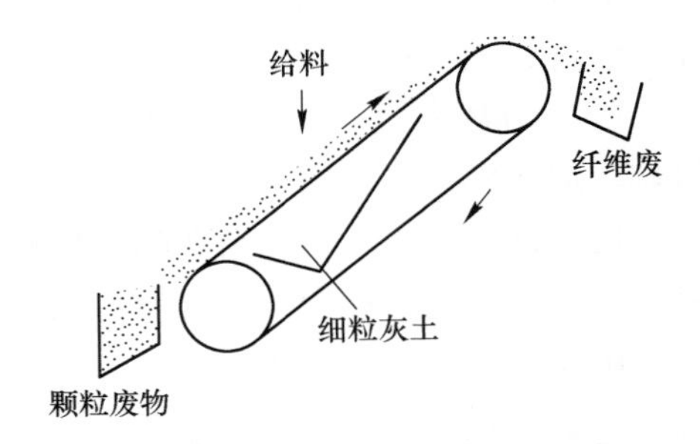

图 3-20 带式筛

带式筛工作时，物料由上方送入带面的下半部，由于带面的振动，砖瓦、混凝土块、金属块、玻璃等颗粒废物在带面上作弹性磁撞，向带下部弹跳，同时因带面的倾角大于颗粒废物的摩擦角，颗粒废物还有下滑的运动，最后从带的下端排出。纸板、木屑等纤维废物（和塑料）与带面之间为塑性碰撞，不产生弹跳，并且带面倾角小于纤维废物的摩擦角，所以纤维废物不沿带面下滑，而随带面一起向上运动，由带的上端排出。在向上运动过程中，由于带面的振动使一些细粒灰土透过筛孔从筛下排出，从而使颗粒状废物与纤维废物分离。

c　反弹滚筒分选机

该分选系统反强滚筒分选机如图 3-21 所示，由抛物皮带运输机、回弹板、分料滚筒和产品收集仓组成。当建筑垃圾由倾斜的抛物皮带运输机抛出与回弹板碰撞时，金属块、砖瓦、混凝土块、玻璃等与回弹板、分料滚筒产生弹性碰撞，被抛入重弹性产品收集仓；而纤维废物、木屑、塑料等与回弹板之间为塑性碰撞，不产生弹跳，被分料滚筒抛入轻非弹性产品收集仓，从而实现分离。

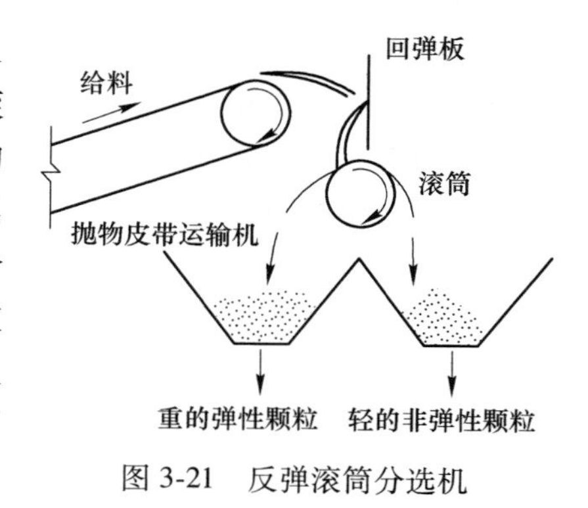

图 3-21　反弹滚筒分选机

3.3.5.2　光电分选

A　光电分选系统

光电分选系统包括以下 3 个部分：

（1）给料系统。其目的包括 3 个方面：1）预先对固体废物进行筛分分级，使之成为窄粒级物料；2）清除废物中的粉尘；3）使预处理后的物料颗粒成单行排队，逐一通过光检区受检。其功能是确保信号清晰，提高分离精度，保证分离效果。

（2）光检系统。光检系统包括光源、透镜、光敏元件及电子系统等。这是光电分选机的心脏，因此，要求光检系统工作准确可靠，工作中要维护保养好，经常清洗，减少粉尘污染。

（3）分离系统。是分选的执行机构，一般为高频气阀（频率为 300Hz）。建筑垃圾通过光检系统后，其检测所收到的光电信号经过电子电路放大，与规定值进行比较处理，然后驱动料斗执行机构，将其中一种物质从物料流中吹动使其偏离出来，从而使物料中不同物质得以分离。

B　光电分选机

光电分选机可用于从建筑垃圾中回收橡胶、塑料、金属等物质，其光电分选过程如图 3-22 所示。物料经给料系统预先窄分级后进入料斗。通过振动溜槽均匀逐个落入高速沟槽进料皮带上，在皮带上拉开一定距离并排队前进，从皮带末端抛入光检箱受检。当颗粒通过光检系统时，在光源照射下，背景板显示颗粒的颜色或色调，当颗粒的颜色与背景颜色不一致时，反射光经光电倍增管转换为电信号，电子电路分析该信号后，产生控制信号驱动高频气阀喷射出压缩空气，将电子电路分析出的异色颗粒（即预选颗粒）吹离原来下落轨道，加以收集。而颜色符合要求的颗粒仍按原来的轨道自由下落得以收集，从而实现分离。

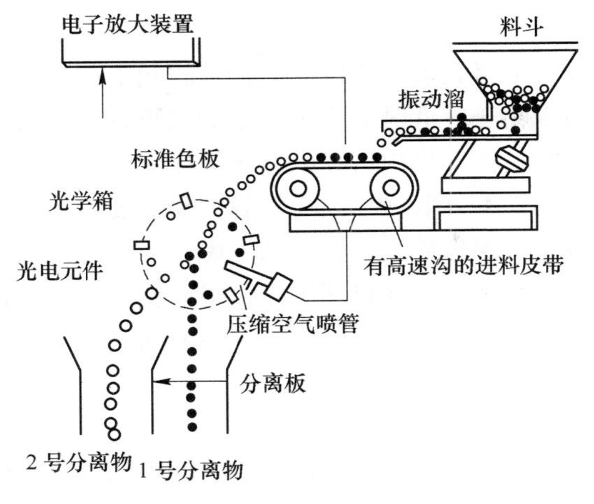

图 3-22 光电分选过程

3.4 其他设备

3.4.1 破包机

目前，一般家庭垃圾都是盛放在垃圾袋中投入垃圾箱的，虽然有些垃圾袋很薄，很容易破裂，但也有很多垃圾袋非常牢固，即便经过运输过程的多次周转也难使其破碎，因此在处理垃圾之前就必须将垃圾袋破碎。垃圾破包机结构如图 3-23 所示。

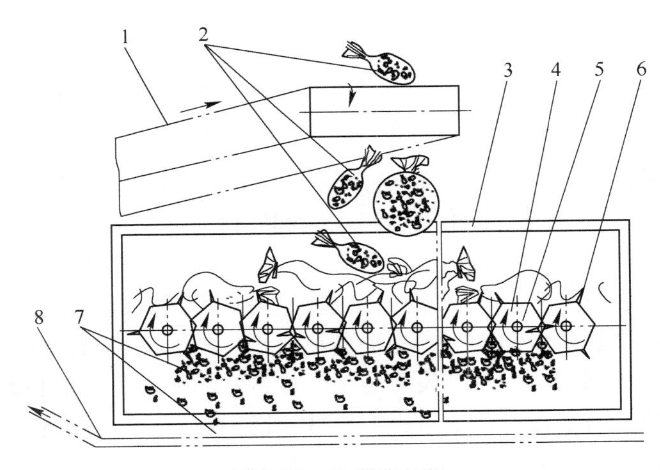

图 3-23 垃圾破包机

1—送料输送带；2—垃圾包；3—机架；4—破碎板；5—轧辊；
6—齿针；7—破碎后的垃圾；8—出料输送带

垃圾经过进料斗的重力除湿作用后进入破包机，破包后的垃圾通过皮带输送到后续工段。

为了能让垃圾袋在下落到破包机内的时候被辊轮上的辊齿钩住，辊齿就必须达到一定的数量，当辊轮转速低时会产生不小的间隙，使垃圾袋不经过破碎就直接落下，影响了破包的效率，也为后续的分选工序带来不便；通过提高辊轮转速来减少辊齿数量的话也是不可取的，因为辊轮转动速度过快会使辊齿受损程度加大，所以应将辊轮转速与辊齿数量结合起来考虑。

为了能使辊齿伸入垃圾袋中并将其撕碎，辊齿就必须有一定的长度，但又不能过长，否则辊齿在破包过程中碰到硬物更容易崩断。

3.4.2 垃圾烘干装置

烘干装置如图 3-24 所示。在图中可以看到，烘干装置的垃圾入料端与出料是固定不动的，而中间的筒身则由专门的驱动装置与环形齿轮配套使筒转动，因此转速也可控制。

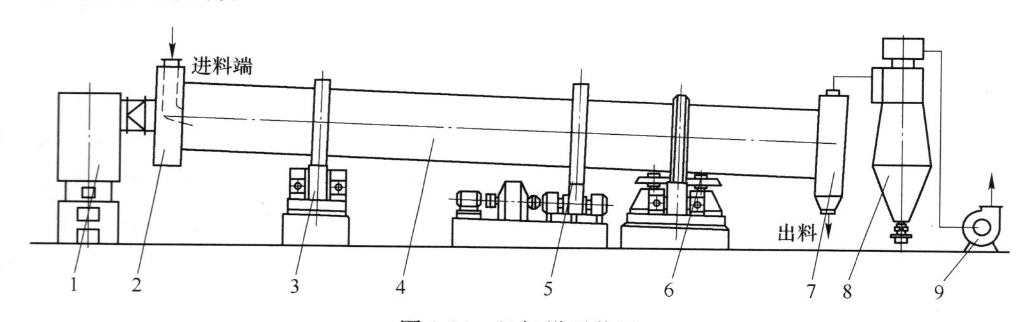

图 3-24 垃圾烘干装置

1—加热装置；2—加料装置；3—托轮装置；4—干燥窑体；5—传动装置；6—档托轮装置；7—出料装置；8—旋风分离器；9—引风机

该设备的关键技术在于筒身转动部分与头部及尾部固定部分之间的密封方式，密封方式选取的合理与否将直接影响到烟气热量的利用率，密封效果佳，烟气散失的就少，热量利用率就高。

筒内壁上装有螺旋推进片，它的作用就是对垃圾进行有效的提升与推进。有效地提升垃圾能增加垃圾与烟气之间的换热面积，从而使垃圾与热烟气接触更充分，换热更高效；如果在内壁上没有装螺旋推进片的话，可以想象垃圾只能依靠与内壁间的摩擦力来被提升，效果肯定不佳，因此螺旋推进片的作用非常重要。

在烟气出口处要安装烟气抽吸装置，在烘干装置内部造成负压，这样才能使烟气从尾部向头部输送。但负压不能过大，过大将使烟气在筒身停留的时间太短，造成换热不充分的情况。

垃圾在筒身中停留的时间过短与过长都不行，时间过长会使垃圾因水分蒸发后温度升高，物料过于干燥，则可能产生燃烧；时间过短则水分蒸发不充分。停

留时间可通过调整筒身安装倾角来控制。

3.4.3 喷淋降尘设备

建筑垃圾通过给料机送入破碎机进行破碎，以增大产品形状的均匀度。从生产现场看，破碎的过程中尘土飞扬。过多的粉尘分散到空气会造成环境污染，影响周围居民的正常生活和工作。而建筑垃圾破碎产生的粉尘极易带着许多细菌和虫卵，对生产工作人员的身体健康状况带来威胁。

目前，工业上常用的除尘方式为沉降式和过滤式两种。沉降除尘就是让灰尘降落，避免尘土飞扬，但实际尘土并未脱离物质表面，以喷淋为主；过滤除尘是让粉尘从有效物质中分离出来，布袋除尘器为最为常用设备。布袋除尘虽然可高效过滤物质中粉尘含质量，但除尘布袋造价过高，定期更换费用更是高昂。结合现有生产线的规模、工艺及经济效益，在建筑垃圾原材料进入破碎机之前，给料机的后方加入了喷淋除尘器（雾炮），如图 3-25 所示。

喷淋式降尘设备的造价低，且便于操作和维修。飞扬的粉尘与雾状液滴发生碰撞后，同液滴一起下落。从现场调研来看，增加喷淋雾化装置可快速抑制破碎现场扬尘，明显改善工作环境。

图 3-25 雾炮

3.4.4 移动式破碎筛分设备

移动式设备与固定式设备相比最大的优点就是移动方便，占地面积小，可直接选定场地，放置到现场便可以投入生产。

移动式建筑处理站主要是由通过振动粗格栅、粗移动式破碎站、移动式筛分机组合而成。移动式建筑废弃物处理站如图 3-26 所示。

3.4.4.1 主要设备组成

主要设备有移动式破碎站、筛分站和分选设备等。

移动式破碎站和挖掘机配合完成喂料和破碎，这两种机械的可随意移动性使得建筑废弃物破碎能够连续满负荷进行。移动式筛分站和移动式破碎站以及运输车配合将破碎后骨料进行筛分，可实现现场建筑废弃物转换为分类骨料。移动式破碎站与移动式筛分站如图 3-27 所示。

3.4.4.2 移动式建筑废弃物处理站处理流程

移动式建筑废弃物处理站处理流程如图 3-28 所示。

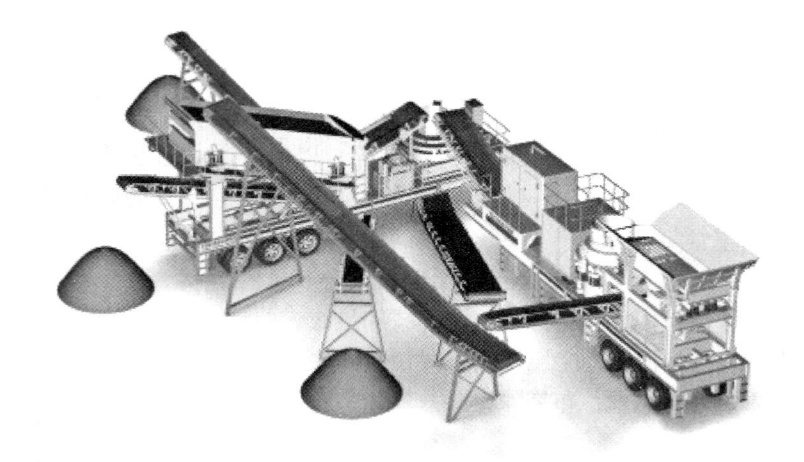

图 3-26　移动式建筑废弃物处理设备示意图

图 3-27　移动式破碎站（左）与移动式筛分站（右）示意图

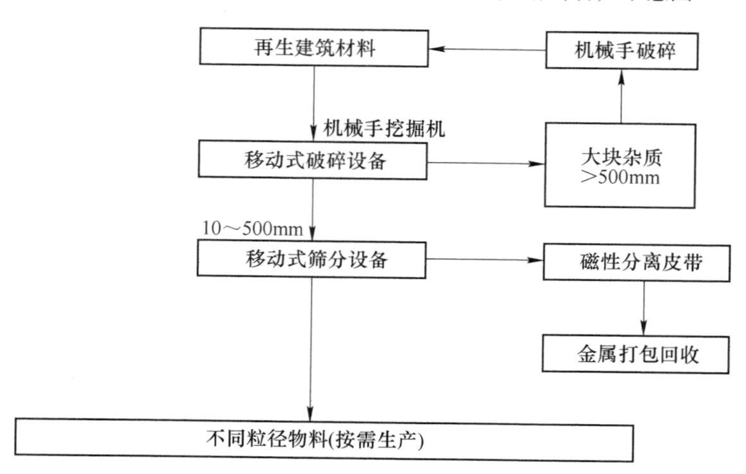

图 3-28　移动式建筑废弃物处理站工艺流程

4 建筑垃圾资源化利用技术及设备

建筑废弃物组分中，废混凝土块、碎石块、砖瓦、废砂浆等组分可以破碎后作为再生骨料，可用于生产再生骨料混凝土、再生砌块、再生砂浆等产品，但砖混结构的砖瓦碎块强度较低，不能作为混凝土再生骨料，需在源头对混凝土建筑废弃物和砖混建筑废弃物进行分类处理；废旧沥青可以通过再生技术生产再生沥青；废竹木、纸片、废塑料、废金属等组分具有一定的资源化价值，需将其从建筑废弃物中分离出来，一方面提升建筑废弃物再生产品品质，另一方面分类收集这些组分也可实现各自的资源利用目的；而建筑废弃物中含有的渣土、泥土、灰尘等组分则会影响再生骨料和再生产品的品位，需将其分离出去，可添加土壤固化剂后制成固化稳定土，用于道路工程路面底基层材料使用。

由于建筑垃圾中废混凝土块、碎石块、砖瓦、废砂浆、微粉、废旧沥青等占比较大，废竹木、纸片、废塑料、废金属较少，所以本书主要介绍前半部分建筑废弃物的资源化利用技术。

4.1 再生骨料

废混凝土块、碎石块、砖瓦、废砂浆等组分经过破碎、分级并按一定的比例混合后形成的骨料，为再生骨料。再生骨料按来源可分为道路再生骨料和建筑再生骨料，按粒径大小可分为再生粗骨料和再生细骨料。再生粗骨料是指由建（构）筑废物中的混凝土、砂浆、石、砖瓦等加工而成，用于配制混凝土、粒径大于4.75mm的颗粒；再生细骨料则是指粒径不大于4.75mm的颗粒。再生骨料可代替天然砂石或机制砂，既可用于制作混凝土稳定层，用于城市道路基层和底基层，又可用于生产低标号再生混凝土和再生砂浆及再生砖、砌块等建材产品。

4.1.1 再生骨料的特性

同天然砂石骨料相比，再生骨料由于含有30%左右的硬化水泥沙浆，从而导致其吸水性能、表观密度等物理性质与天然骨料不同。表4-1为再生骨料与天然骨料物理性质的对比。

表 4-1　再生骨料与天然骨料物理性质的对比

类别	骨料种类	原混凝土的水灰比	吸水率/%	表观密度/t·m^{-3}
细骨料	河砂	—	4.1	1.67
	再生细骨料	0.45	11.9	1.29
		0.55	10.9	1.33
		0.68	11.6	1.30
粗骨料	河卵石	—	2.1	1.65
	再生粗骨料	0.45	6.4	1.30
		0.55	6.7	1.29
		0.68	6.2	1.33

再生骨料表面粗糙、棱角较多，并且骨料表面还包裹着相当数量的水泥砂浆（水泥砂浆气孔率大、吸水率高），再加上混凝土块在解体、破碎过程中由于损伤积累，使再生骨料内部在大量微裂纹，这些因素都使再生骨料的吸水率和吸水速率增大，这对配制再生混凝土是不利的。王武祥和刘力等人证实：随再生骨料颗粒粒径的减小，再生骨料的含水率快速增大，密度降低，吸水率成倍增加，再生细骨料的含水率和吸水率均明显大于再生粗骨料；同时，再生骨料的吸水率与再生骨料的原生混凝土强度有关，粒径相当时，再生骨料的吸水率随原生混凝土强度的提高而显著降低，再生骨料物理性质与原生混凝土强度等级的关系见表 4-2。同样，由于骨料表面的水泥砂浆的存在，使再生骨料的密度和表观密度比普通骨料低。

表 4-2　再生骨料物理性质与原生混凝土强度等级的关系

原生混凝土的强度等级	粒径/mm	含水率/%	吸水率/%	密度/g·cm^{-3}
C30	10.0~20.0	1.01	3.94	2.58
	5.0~10.0	4.17	7.08	2.53
	2.5~5.0	5.93	12.29	2.25
	2.5~20.0	1.63	4.07	2.57
C40	10.0~20.0	2.46	3.69	2.61
	5.0~10.0	3.52	5.59	2.42
	2.5~5.0	3.95	7.69	2.35
	2.5~20.0	2.56	4.21	2.58
C50	10.0~20.0	1.21	3.24	2.61
	5.0~10.0	3.95	5.82	2.45
	2.5~5.0	4.17	8.13	2.30
	2.5~20.0	2.04	3.47	2.59

4.1.2 再生骨料的制造过程

用废弃混凝土块碎石块、砖瓦、废砂浆等组分制造再生骨料的过程和天然碎石骨料的制造过程相似，都是把不同的破碎设备、筛分设备、传送设备合理地组合在一起的生产工艺过程，其生产工艺流程如图 4-1 所示。实际的废弃混凝土块中，不可避免地存在着钢筋、木块、塑料碎片、玻璃、建筑石膏等各种杂质，为确保再生混凝土的品质，必须采取一定的措施将这些杂质除去，如用手工法除去大块钢筋、木块等杂质；用电磁分离法除去铁质杂质；用重力分离法除去小块木块、塑料等轻质杂质。

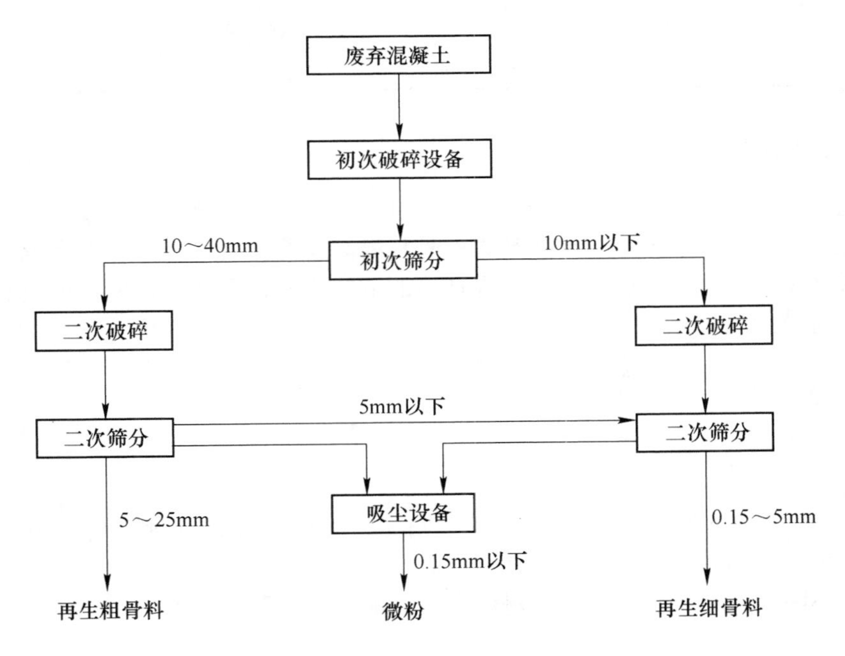

图 4-1 再生骨料的生产工艺流程

4.1.3 再生骨料的利用方式

建筑垃圾处理方式和综合利用方式主要根据建筑垃圾主要成分来确定：如果建筑垃圾中以砖石为主，则粉碎后的粒料主要作为无机混合料，用于修建公路时作为路基垫层来使用；如果建筑垃圾主要是以钢筋混凝土为主，则粉碎后的粒料分为四种粒径，分别为 0～5mm、5～10mm、10～25mm、25～31.5mm。其主要资源化产品利用工艺见表 4-3。

表 4-3　再生骨料利用工艺一览表

序号	再生骨料		主要产品	备　注
1	砖石料	0~31.5mm	道路材料	用于路基垫层
2	混凝土料	细骨料（0~5mm）	道路材料	
3			混凝土制品	
4			预拌混凝土	
5		中粗骨料（5~10mm）	道路材料	
6			混凝土制品	
7			预拌混凝土	
8		粗骨料（10~25mm）	道路材料	
9			预拌混凝土	
10		粗骨料（25~31.5mm）	道路材料	

4.2　再生混凝土

再生混凝土技术是将废弃混凝土块经过破碎、清洗、分级后，按一定比例混合形成再生骨料，部分或全部代替天然骨料配制新混凝土的技术。再生混凝土作为一种新型再生建筑材料，满足世界环境的节约资源、不破坏环境，更应有利于环境、可持续发展三大意义。

4.2.1　再生混凝土的特性

4.2.1.1　坍落度

由于附着水泥砂浆的作用，及其棱角多，表面粗糙，且骨料内部微裂纹较多，再生骨料的品质较天然碎石有所降低，当再生混凝土坍落度随着再生骨料置换率的不断增大，再生混凝土的坍落度值呈现明显的下降趋势。

4.2.1.2　空气量

随着再生骨料置换率的不断增大，再生混凝土空气量呈现不断增大的趋势。再生混凝土空气量增加的原因为：

（1）再生骨料表面附着有水泥砂浆，以至于再生骨料表面粗糙且空隙量大；

（2）混凝土流动性下降使混凝土拌和质量下降，因此再生骨料和水泥砂浆可能没有很好地融合，从而引起再生混凝土的空气量出现增加。

4.2.1.3　强度

随着基体混凝土的强度降低，再生混凝土的强度呈下降趋势。但对于不同强

度等级的再生混凝土，再生骨料对其强度的影响不同配制高强再生混凝土时，再生骨料的性能对再生混凝土的强度影响最大：配制中等强度再生混凝土时，影响程度次之；配制低强度的再生混凝土时，再生骨料对其强度的影响最小。一般情况下，再生骨料混凝土的抗压强度低于基体混凝土或相同配比的普通混凝土的抗压强度，降低范围为0%~30%，平均降低15%。再生混凝土抗压强度降低的主要原因是再生骨料与新旧水泥浆之间在一些区域结合弱。目前，有关再生混凝土的微观结构以及如何提高再生混凝土的强度有待于进一步研究。

4.2.1.4 耐久性

（1）再生混凝土的抗渗性：由于再生骨料的气孔率较大，基于自由水灰比设计方法之上的再生混凝土的抗渗性比普通混凝土低。

（2）再生混凝土的抗硫酸盐侵蚀性：由于气孔率及渗透性较高，再生混凝土的抗硫酸盐和侵蚀性比普通混凝土稍差。掺加粉煤灰后，能减少硫酸盐的渗透，使其抗硫酸盐侵蚀性有较大改善。

（3）再生混凝土的抗裂性：同普通混凝土相比，再生混凝土极限伸长率增加27.7%。由于再生混凝土弹性模量低，拉压比高，因此再生混凝土抗裂性优于基体混凝土。

（4）再生混凝土的抗冻融性：再生混凝土的抗冻融性比普通混凝土差。再生骨料与天然骨料共同使用时，或通过减小水灰比可提高再生混凝土的抗冻融性。

4.2.1.5 粉煤灰对再生混凝土的影响

粉煤灰代砂法，就是以粉煤灰部分取代混凝土中的砂子。实验表明，用粉煤灰代替部分砂子生产再生混凝土，不仅提高了再生混凝土的强度，而且还能消耗一部分粉煤灰，减少其对环境的污染，同时还节省砂料资源，降低混凝土成本。

4.2.2 再生混凝土的配置工艺

国外的综合加工厂通常由废弃接收、废料的存放和预先分选分割、准备材料、再加工、成品仓库四部分组成。日本的高质量再生骨料基本达到天然骨料的品质，但我国建筑企业的目前状况还存在一些技术导航的困难，在我国再生骨料作为水泥混凝土的矿物掺合料，从而对建筑垃圾能够全部转化为再生资源，避免了二次污染。

西南交通大学的张璐对再生混凝土的配合比进行了设计，试验研究可见再生混凝土的配合比设计要比普通混凝土复杂，应在规范要求允许的条件下，进行反复多次试配，从经济、工作性能、质量等方面综合考虑择优选用。对工作性能和强度进行了多次试验之后，得出了满足相关工程要求的配合比，再生混凝土的配合比见表4-4。

表4-4 再生混凝土的配合比

设计强度等级	再生集料/%	水灰比W/C	水泥/kg·m^{-3}	水/kg·m^{-3}	河砂/kg·m^{-3}	再生粗集料/kg·m^{-3}	减水剂/%	粉煤灰/%
C25	100	0.48	333	161	626	1331	0.8	0
C30	100	0.44	368	162	614	1305	0.8	0
C40	100	0.33	252	173	509	1192	0.5	15
C25	50	0.49	647	181	647	1202	0	15
C40	50	0.33	252	173	509	596	0.5	30

4.3 道路材料

大量研究表明，目前建筑垃圾可以作为公路路基、基层、底基层、垫层的原材料。采用合适的加工工艺生产出的建筑垃圾再生骨料用于道路工程建设中，其性能应能满足《公路路基施工技术规范》（JTGF10—2006），《公路路面基层施工技术规范》（JTJ034—2015）的要求。道路建设在进行征地拆迁的过程中会产生大量的建筑垃圾，将建筑垃圾经一定的工艺处理以后可以生产出不同类别、规格的筑路材料，这不仅可实现建筑垃圾规模化再生，变废为宝，而且节约工程投资。

并不是所有类别的建筑垃圾都可以用来资源化生产道路材料，比如装修垃圾和土地开挖垃圾。一般来说，建筑拆除垃圾更适合作为生产道路材料的原料，这类原材料经建筑垃圾处理系统后产生的再生骨料具有良好的路用性能，采用无机结合料进行稳定的半刚性基层完全能够满足现行规范高等级公路基层的指标要求。

目前，我国道路结构中绝大多数采用的是沥青面层下用无机结合料进行稳定的半刚性基层，其中性能较好的半刚性基层均大量使用粒径大小不同的砂石材料，其用量按现行规范要求，石灰、粉煤灰类（简称二灰类）不少于80%，水泥稳定类在90%以上。

4.3.1 道路材料所需再生骨料的要求

4.3.1.1 建筑垃圾再生骨料强度要求

在道路工程中，竖向垂直荷载逐步向下扩散，随着作用深度的增加，传递的作用力逐渐减弱。为此对于各结构层的承载能力及原材料的强度要求也不尽相同。通常在原地面以上自下而上铺筑的路基、垫层、基层、面层采用不同质量、

规格的材料，形成各结构层次组合的多层体系。

基层是路面结构的承重层。作用于道路面层的汽车荷载会传至基层，因此基层需具有承受这类竖向荷载的能力。将建筑垃圾再生骨料用于高速、一级公路基层压碎值要求见表4-5。

表4-5 高速、一级公路基层压碎值要求

类别	基层	底基层
压碎值/%	26	30

路基位于路面结构层的底部，除了需承受路面结构的重力、经面层、基层传递下来的汽车荷载以外，还要承受自身土体重力。所以路基也应具有一定的强度。坚固的路基不仅是路面强度与稳定性的重要保证，而且能为延长路面的使用寿命创造有利条件。建筑垃圾作为路基填料，路基填料最小强度要求见表4-6。

表4-6 路基填料最小强度要求

填料应用部分（路面底标高以下深度/m）		填料最小强度（CBR）/%		
		高级、一级公路	二级公路	三、四级公路
路堤	上路床（0~0.30）	8	6	5
	下路床（0.30~0.80）	5	4	3
	上路堤（0.80~1.50）	4	3	3
	下路堤（大于1.50）	3	2	2
零填及挖方路基	（0~0.30）	8	6	5
	（0.30~0.80）	5	4	3

4.3.1.2 建筑垃圾再生骨料液限、塑性指数要求

再生骨料粉尘含量直接影响着再生骨料液限、塑性指数的高低，规范中规定了应用于各部分的填料的液限、塑性指数，高速、一级公路塑性指数要求见表4-7。

表4-7 高速、一级公路塑性指数要求

类别	基层填料	底基层填料	路堤细粒土
液限（小于）/%	28	28	50
塑性指数（小于）	6（或9①）	6（或9①）	26

① 潮湿多雨地区塑性指数宜小于6，其他地区塑性指数宜小于9。

4.3.1.3 建筑垃圾再生骨料含泥量、泥块含量要求

再生骨料应用于高速、一级公路水泥混凝土路面、沥青路面，集料除应具备

质地坚硬、耐久的特色外，还应保持洁净。对于水泥混凝土路面来说，粗集料含泥量对混凝土拌合物工作性以及混凝土的强度和抗冻性均有不利的影响。对于沥青路面，集料含泥量过大阻碍了集料与沥青的裹覆，使得集料与沥青的黏附性变差，进而影响沥青混合料的高温稳定性及水稳定性。《公路水泥混凝土路面施工技术技术规范》（JTG F30—2003）、《公路沥青路面施工技术规范》（JTG F40—2004）中对于集料的含泥量、泥块含量进行了规定，粗集料含泥量、泥块含量要求见表 4-8。

表 4-8　粗集料含泥量、泥块含量要求

类　别	项　目	技术要求	
		Ⅰ类	Ⅱ类
水泥混凝土路面	含泥量/%	小于 0.5	1.0
	泥块含量/%	小于 0	0.2
沥青路面	水洗法小于 0.075mm 颗粒含量/%	表面层	其他层次
		不大于 1	不大于 1

4.3.1.4　建筑垃圾再生骨料粒径要求

当再生骨料作为级配碎石用做高速公路和一级公路的基层及底基层时，其最大粒径应控制在一定的尺寸范围以下，具体的颗粒组成要求见表 4-9。同时颗粒组成的级配宜为圆滑曲线。

表 4-9　级配碎石基层颗粒组成范围

筛孔尺寸/mm ＼ 通过质量百分率/% ＼ 类别	基　层	底基层
37.5		100
31.5	100	83~100
19.0	85~100	54~84
9.5	52~74	29~59
4.75	29~54	17~45
2.36	17~37	11~35
0.6	8~20	6~21
0.075	0~7	0~10

4.3.2　再生无机混合料

无机混合料是有一定量的水泥、石灰、工业废渣、粉煤灰等，主要和沥青混

合料结合而用，主要用于道路底层铺设，其主要包括水泥稳定无机混合料和石灰粉煤灰稳定无机混合料两大类。利用再生骨料配置的无机混合料道路基层用稳定材料称为再生无机混合料。建筑垃圾再生无机混合料是由再生骨料、石灰、粉煤灰、水，或者是再生骨料、水泥、水拌制而成的，由于水很少，所以属于干硬性材料。无机混合料用于路基垫层的条件见表4-10。

表4-10 无机混合料用于路基垫层条件

利用方式	粒径范围/mm	含水率/%	LOI（质量比/%）	pH值	碱度（eqv/kg）	膨胀
路基填料	≤50（<0.075）<9%	17~25	<10（1000℃以下）	>9（1%浓度）	>1.5	堆放一个月

国内外的研究及应用实践证明，道路用再生无机混合料建筑垃圾再生骨料可全部或部分代替天然砂石，作为无机混合料的骨料，用于道路建设的基层和底基层，再生骨料的掺量可高达100%，可以大量消纳建筑垃圾。

4.3.2.1 建筑垃圾再生骨料级配

骨料的连续级配对无机混合料的施工及应用性能有直接影响。为了便于无机混合料的配合比设计优化，对破碎加工后的建筑垃圾再生骨料包括0~5mm、5~25mm和25~31.5mm三种粒径进行筛分和级配计算，最终确定了用于再生无机混合料的各粒径骨料比例如下：

（1）废混凝土类（0 ~ 5）:（5 ~ 25）:（25 ~ 31.5）= 6∶13∶1。

（2）废砖混类（0 ~ 5）:（5 ~ 25）:（25 ~ 31.5）= 7∶12∶1。

依据《公路路面基层施工技术细则》（JTG/T F20—2015）和《道路用建筑垃圾再生骨料无机混合料》（JC/T 2281—2014）中对水泥稳定无机混合料的级配要求。

4.3.2.2 再生无机混合料的制造过程

再生无机混合料的生产与普通无机混合料的生产工艺基本相同。利用建筑垃圾再生骨料制备道路。无机混合料搅拌站生产工艺流程如图4-2所示。

4.3.2.3 再生无机混合料材料配比

A 石灰粉煤灰稳定材料比例

石灰粉稳定材料的石灰剂量应以石灰质量占全部干燥被稳定材料质量的百分率表示（表4-11，表4-12）。

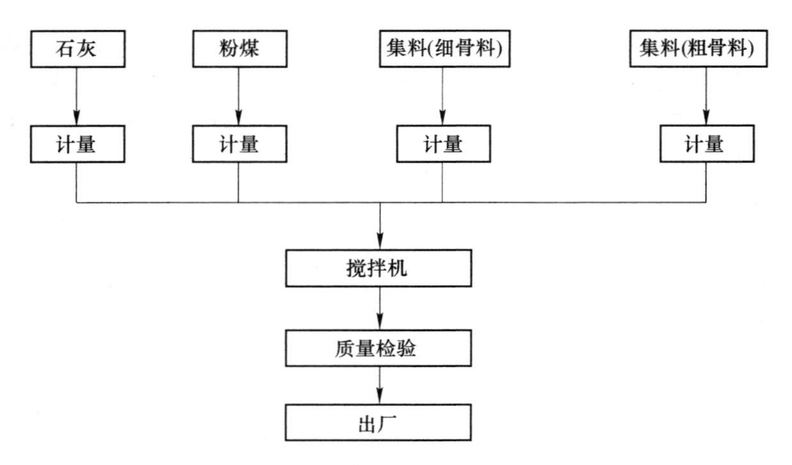

图 4-2　无机混合料搅拌站生产工艺流程

表 4-11　石灰粉煤灰稳定材料推荐比例

材料类型	材料名称	使用层位	结合料间比例	结合料与被稳定材料间比例
水泥粉煤灰	硅铝粉煤灰的水泥粉煤灰类	基层或底基层	石灰：粉煤灰=1：2~1：9	—
	水泥粉煤灰土	基层或底基层	石灰：粉煤灰=1：2~1：4	石灰粉煤灰：细粒材料=30：70~10：90
	水泥粉煤灰稳定级配碎石或砺石（再生骨料）	基层	石灰：粉煤灰=1：2~1：4	石灰粉煤灰：细粒材料=20：80~15：85

注：CaO 含量为 2%~6%的硅铝粉煤灰；粉土以 1：2 为宜；采用此比例时，石灰与粉煤灰之比宜为 1：2~1：3；石灰粉煤灰与粒料之比为 15：85~20：80 时，在混合料中，粒料形成骨架，石灰粉煤灰起填充孔隙和胶结作用，这种混合料称骨架密实式石灰粉煤灰粒料；混合料中石灰应不少于 10%，可通过试验选取强度较高的配合比。

B　水泥粉煤灰稳定材料比例

水泥稳定材料的水泥剂量应以水泥质量占全部干燥被稳定材料质量的百分率表示。

表 4-12　水泥煤灰稳定材料推荐比例

材料类型	材料名称	使用层位	结合料间比例	结合料与被稳定材料间比例
石灰粉煤灰	硅铝粉煤灰的石灰粉煤灰类	基层或底基层	石灰：粉煤灰=1：3~1：9	—
	石灰粉煤灰土	基层或底基层	石灰：粉煤灰=1：3~1：5	石灰粉煤灰：细粒材料=30：70~10：90
	石灰粉煤灰稳定级配碎石或砺石（再生骨料）	基层	石灰：粉煤灰=1：3~1：5	石灰粉煤灰：细粒材料=20：80~15：85

4.4 再生混凝土砌块（砖）

4.4.1 再生混凝土砌块（砖）的特性

再生混凝土砌块（砖）是以建筑垃圾中的废弃砖瓦、混凝土块为主要原料，经破碎、筛分、配料、搅拌、压制、养护而成的砖。再生砖分为再生实心砖和再生多孔砖。按照抗压强度，再生骨料砌块可分为 MU7.5、MU10、MU15 和 MU20 四个强度等级，其强度等级应符合表 4-13 的规定。再生骨料实心砖的主规格尺寸宜为 240mm×115mm×53mm；再生多孔砖主规格尺寸为 240mm×115mm×90mm。再生混凝土砌块尺寸允许偏差和外观质量应符合表 4-14 和表 4-15 的规定。

表 4-13 再生骨料混凝土砖强度等级（MPa）

强度等级	抗压强度平均值 $\bar{p}$（不小于）	变异系数 $\delta\leqslant0.21$	变异系数 $\delta>0.21$
		强度标准值 p_k（不小于）	单块最小抗压强度值 p_{min}（不小于）
MU7.5	7.5	5.0	6.0
MU10	10.0	6.5	8.0
MU15	15.0	10.0	12.0
MU20	20.0	14.0	16.0

表 4-14 再生骨料混凝土实心砖尺寸允许偏差

公称尺寸/mm	优等品		一等品		合格品	
	样本平均偏差	样本极差（不大于）	样本平均偏差	样本极差（不大于）	样本平均偏差	样本极差（不大于）
240	±2.0	7	±2.5	7	±3.0	8
115	±1.5	5	±2.0	6	±2.5	7
53	±1.5	4	±1.6	5	±2.0	6

表 4-15 再生骨料混凝土实心砖外观质量

项目	优等品	一等品	合格品
两条面高度差（不大于）	2	3	4
缺棱掉角的三个破坏尺寸（不得同时大于）	10	20	30
裂纹长度（不大于）	20	30	40
完整面（不小于）	一条面和一顶面	一条面和一顶面	一条面和一顶面

注：为装饰面人为施加的凹凸纹、拉毛、压花等不算作缺陷。凡有下列缺陷之一者，不得称为完整面：（1）缺损在条面或顶面上造成的破坏面尺寸同时大于 10mm×10mm；（2）条面或顶面上裂纹宽度大于 1mm，其长度超过 30mm。

每块再生骨料混凝土砖的吸水率不应大于 18%；干燥收缩率和相对含水率应

符合表 4-16 的规定；抗冻性应符合表 4-17 的规定。

表 4-16 再生骨料混凝土砖的干燥收缩率和相对含水率

干燥收缩率/%	相对含水率/%		
	潮湿环境	中等环境	干燥环境
≤0.060	≤40	≤35	≤30

注：潮湿是指平均相对湿度大于 75%的地区；中等是指年平均相对湿度为 50%～75%的地区；干燥是指年平均相对湿度小于 50%的地区。

表 4-17 再生骨料混凝土砖抗冻性

强度等级	冻后抗压强度平均值（不小于）/MPa	单块砖冻后质量损失率（不大于）/%
MU20	16.0	2.0
MU15	12.0	2.0
MU10	8.0	2.0
MU7.5	6.0	2.0

注：冻融循环次数是按照使用地区确定：寒冷地区 35 次，严寒地区 50 次。

建筑垃圾再生骨料制作再生混凝土砌块是国内技术成熟，被市场认可度较高的处理方式。再生砖的成功研制、生产与使用，让众多建设在原材料匮乏的情况下有了材料基础，可以应用于普通砖混结构。砖木结构以及框架结构中，不仅大大降低了建筑的造价，而且拥有建造、装修、加层、使用方便等特点。

4.4.2 再生混凝土砌块（砖）的制造过程

再生砖的生产制作是将建筑垃圾先进行粗破碎，筛除一部分废土，除去废金属、塑料、木条、装饰材料等杂质。经分选的粗破碎物料从中间料仓送到二次破碎机组，经双层振动筛筛分成不同粒径 0～5mm、5～10mm、10～25mm（粒径可根据工艺设备进行调整），不同粒径的物料经一定比例送入搅拌机，再掺入一定比例的水泥、粉煤灰等添加剂，水要满足相关要求的水质，并按照设计加水比例由泵加入混合机中混合，搅拌均匀送到液压砌块机成型，然后通过自动化的设备送往养护窑养护，28 天自然养护即可。

再生砖宜采用蒸汽养护，蒸汽养护时间及其后的停放期总计不宜少于 28 天；当采用人工自然养护时，在养护的早期阶段应适量喷水养护，之后应有一定时期的干燥工序，自然养护总时间不得少于 28 天。影响再生砖干燥收缩的因素很多，在正常生产工艺条件下，再生砖收缩值达 0.40mm/m，经 28 天养护后收缩值可完成 60%。因此，延长养护时间，能保证砌体强度并减少因砖收缩过多而引起的墙体裂缝。

再生砖在堆放储存和运输时，应采取防雨措施。堆放储存时保持侧面通风流畅，底部宜用木制托盘或塑料托盘支垫，不可直接贴地堆放。堆放场地必须平整，堆放高度不宜超过 1.6m。再生砖应按规格、强度等级和密度等级分批堆放，不得混杂。

制作再生混凝土砌块（砖）的工艺流程如图 4-3 所示。

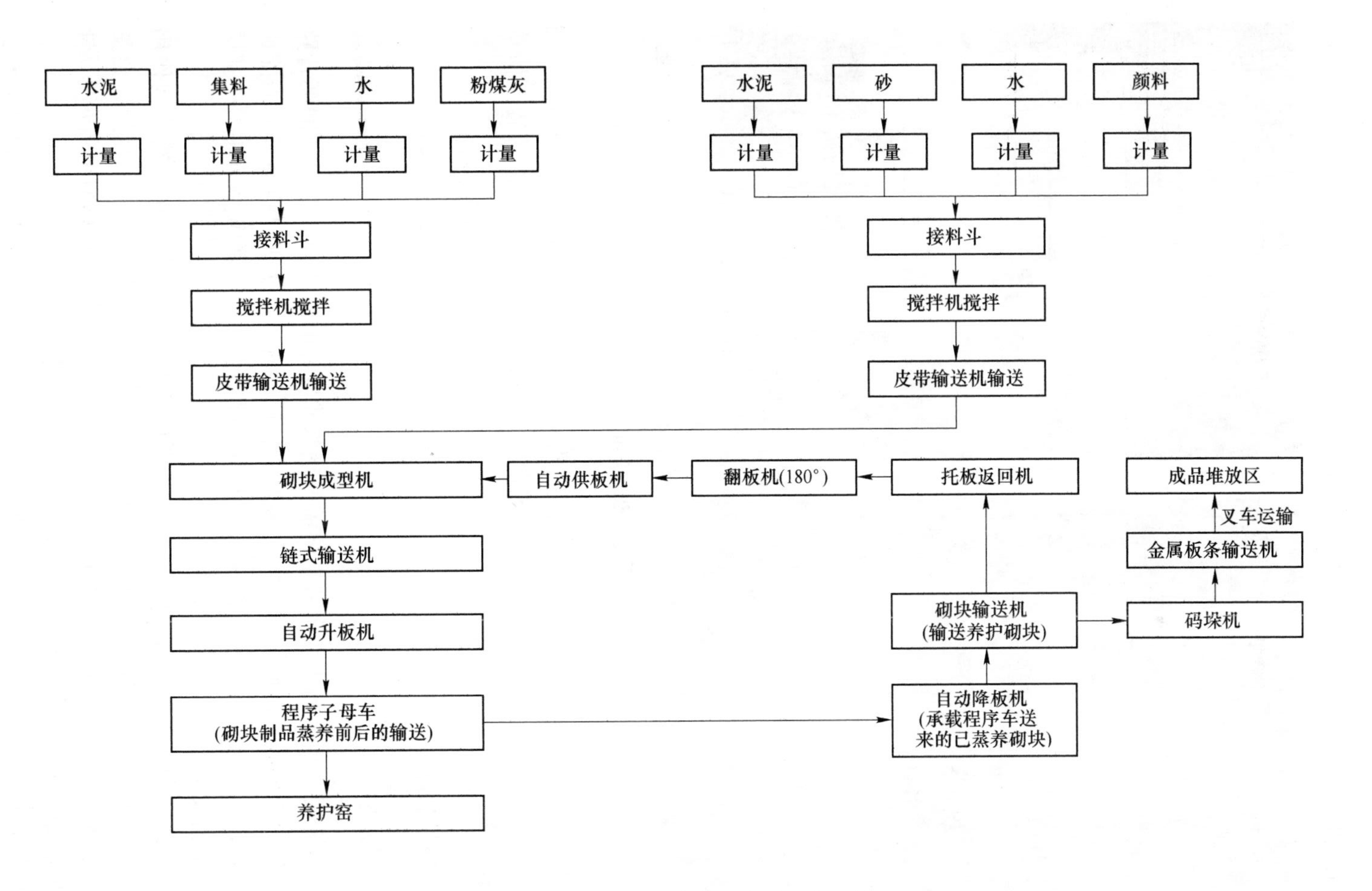

图 4-3 再生混凝土砌块生产线工艺流程

制成的再生混凝土砌块成品及设备如图 4-4 所示。

图 4-4　再生混凝土制品及制造设备

产品还可以根据实际的需要，更换不同的模板生产出不同的产品如环保装饰系列或者透水砖等。地面砖主要产品包含广场砖、人行道砖、马路沿砖、植草砖、小区砖、楼梯砖等产品。

4.5　再生沥青

4.5.1　概述

沥青混凝土再生利用技术就是将需要翻修或废弃的旧沥青混合料或旧沥青路面，经过翻挖回收、破碎筛分，再和再生剂、新骨料、新沥青材料等按适当配比重新拌和，形成具有一定路用性能的再生沥青混凝土，用于铺筑路面面层或基层的整套工艺技术。

沥青路面老化主要是沥青的老化和骨料的细化。沥青路面在车轮荷载作用下，承受着压应力、剪应力和拉应力等，同时沥青路面长期暴露于大自然，会受到各种自然因素如氧、阳光、温度、水、风等的作用，致使混合料中的沥青、骨料的性能发生物理、化学变化，并最终表现为沥青混合料使用品质下降。

沥青是由多种化学结构极其复杂的化合物组成的一种混合物，其老化主要表

现为针入度降低、黏度增大、延度减少、软化点提高等。表 4-18 列出了回收旧沥青的几项常规指标。

表 4-18 旧沥青性能指标表

沥青品种	针入度（25℃，0.1mm）	黏度（60℃）/Pa·s	延度（15℃）/cm	软化点/℃
回收旧沥青	35~42	420~450	20~40	57.5~61.5
规范对 AH70 沥青的要求	60~80	—	>100	44~55

沥青路面在车辆动、静荷载作用下承受着拉应力、压应力和剪应力，因此嵌挤在混合料中的骨料颗粒是三维受力，在某一瞬时其受到的力会大于颗粒的极限强度，而发生破裂。其破裂可分为 3 种形式：

（1）对针片状颗粒，由于受其几何尺寸的限制，其抗弯拉能力差，很易折断破坏。

（2）有时颗粒承受的瞬时剪应力超过其极限剪应力，出现剪切破坏。

（3）在荷载作用下相邻颗粒间会发生相对位移，产生摩擦力，从而相邻颗粒表面相互磨损而使细颗粒增加。

由于粗骨料主要承受着外部应力的作用，细骨料则起填充作用，因此骨料破坏也以粗骨料为主，也就是说骨料细化主要表现为粗骨料向细骨料的转化，而细骨料进一步细化成粉料则表现不明显。骨料的细化改变了沥青混凝土的级配，使骨架的嵌挤作用减弱，从而使整个结构的抗剪强度减小。同时，骨料的每次破坏都会形成两个破坏面，此两个破坏面上没有沥青的裹覆，这样骨料很易散失、剥落，造成路用性能下降。

沥青混凝土特别是沥青路面在使用过程中，经受着行车和各种自然因素的作用，逐渐脆硬老化，出现龟裂病害。其实质是路面材料中的沥青结合料发生了变化。病害的主要原因是其油分减少，沥青质增加。路面技术指标表现为针入度减小，软化点上升，延度降低。由于沥青材料是由油分、胶质、沥青质等组成的混合物（不是单体），所以可以用简单的方法加某种组分，或者将它和新沥青材料重新混合，调配成新的沥青混合物，使之重新表现出原有的性质。

国外对沥青路面再生利用研究最早从 1915 年在美国开始，但由于以后大规模的公路建设而忽视了对该技术的研究。1973 年石油危机爆发后美国对这项技术才重新重视，并在全国范围内进行了广泛研究，到 20 世纪 80 年代末美国再生沥青混合料的用量几乎为全部路用沥青混合料的 1/2，并且在再生剂开发、再生混合料的设计、施工设备等方面的研究也日趋深入。沥青路面的再生利用在美国已是常规实践，目前其重复利用率高达 80%。

西欧国家也十分重视这项技术，联邦德国是最早将再生料应用于高速公路路面养护的国家，1978 年就将全部废弃沥青路面材料加以回收利用。芬兰几乎所有的城镇都组织旧路面材料的收集和储存工作。法国现在也已开始在高速公路和一些重要交通道路的路面修复工程中推广应用这项技术。

欧美等发达国家都特别重视再生沥青实用性的研究，他们在再生剂的开发以及实际工程应用中的各种挖、铣刨、破碎、拌和等机械设备的研制方面都取得了很大的成就，正逐步形成一套比较完整的再生实用技术，欧美国家先后出版了《沥青混合料废料再生利用技术》《旧沥青再生混合料技术准则》《路面沥青废料再生指南》等一系列规范，提出了适于各种条件下沥青混合料再生利用的方法，使沥青混凝土再生利用技术达到了规范化和标准化的程度。

我国在早期曾不同程度地利用废旧沥青料来修路，但都将其作为废料利用考虑，一般只用于轻交通道路、人行道或道路的垫层。近几年来，国内一些公路养护单位尝试将旧沥青混合料简单再生后用于低等级公路或道路基层，取得了一定效果。但由于缺乏必要的理论指导及合适的再生剂和机械设备的支持，目前在中国再生旧料并没有在实际工程中得到大量应用。经过再生的沥青混合料一般仅限于道路的基层，小面积坑槽修补或低等级路面的面层。1982 年山西省结合油路的大中修工程铺筑沥青再生试验段 80 余公里。湖北省对各种等级的路面，不同交通量、地形气候条件、路面结构类型的旧油面层的再生利用进行了系统的试验研究，铺筑试验路 88km。湖南省将乳化沥青加入旧渣油表处面层料，并分别用拌和法和层铺修筑了再生试验路。

随着我国沥青路面高等级公路的发展，特别是许多高等级路面已经或即将进入维修改建期，大量的翻挖、铣刨沥青混合料被废弃，一方面造成环境污染；另一方面对于我国这种优质沥青极为匮乏国家来说是一种资源的浪费，而且大量的使用新石料，开采石矿会导致森林植被减小、水土流失等严重的生态环境破坏，因此，对沥青路面旧料再生技术有必要进行深入、系统的研究。

4.5.2 沥青混凝土再生利用技术

根据目前国外的再生工艺看，沥青混合料的再生工艺有热再生和冷再生两种方法。这两种工艺既可以在现场进行就地再生，也可以进行厂拌再生。

4.5.2.1 热再生方法

简单地说，“热再生技术”就是由特殊结构的加热墙提供强大的热量，在短时间内将沥青路面加热至施工温度，通过旧料再生等一些工艺措施，使病害路面达到或接近原路面技术指标的一种技术。

A 现场热再生法沥青混凝土

现场热再生技术（Hot In-Place Recycling of Asphalt Concrete，HIPR）是专门用来修复沥青道路表面病害的。其基本工作原理是：先用专用的加热板（提供

100%高强度辐射热）加热待修补的区域，经3~5min之后，路面被软化；然后加热软化的路面耙松，喷洒乳化沥青，使旧沥青混合料现场热再生；最后加入新的沥青料，搅拌摊平，然后压实完工。

现场热再生的类型有整形法、重铺法和复拌法三种：

（1）整形法。此方法最早被美国犹他州的一个承包商在1930年开发，但直到1960年才被普遍采用。到1970年，这种技术发展成为一种更复杂的系统，其操作过程可简单概括如下：加热旧的沥青路面，翻松加热过的路面，加入适量的添加剂，搅拌，用螺旋布料器铺平松散的混合料，用普通的压路机压实。一般的翻松深度为20~25mm，尽管在某些情况下也可达到50mm的深度，但很少见。因为旧路面的强度不同，路面通常不很平顺和均匀。

这种方法适合修复破损不严重的路面，特别适用于老化不太严重而平整度较差的路面。修复后可消除车辙、龟裂等变形，恢复路面的平整度，改善路面性能。

（2）重铺法。重铺法是用复拌机在整形法的基础上，把旧路材料翻松、搅拌均匀后作为路基，同时在上面再铺设一层新的沥青混合料作为磨耗层，形成全新材料的路面，最后用压路机压实。其操作过程可简单概括如下：预热，用齿或旋转的转子翻松并铲起，加入再生剂，搅拌再生调和松散的混合料，铺平再生料，再铺一层新的热混合料。

这种方法适用于破损较严重的路面维修翻新和旧路面升级改造施工，修复后形成与新建路面道路性能相同的全新路面。

（3）复拌法。复拌法和重铺法相似，只是在搅拌翻松旧路材料时，需再加矿物质骨料以提高现有路面的厚度或者通过改变骨料的级配或调整黏合剂的性质，从而提高旧的沥青混合料的等级。它通常比重铺法加热和拌和得更彻底。

这种方法适用于维修中等程度破损的路面，修复后可以恢复沥青路面的原有性能。

现场热再生一般采用再生联合作业机组，它包括红外加热器、路面铣刨机、搅拌机、混合料摊铺机等。其工艺过程如下：用远红外加热器将破损路面的沥青表层加热软化，再用铣刨机铣削旧沥青层并收集到一台双卧轴连续式搅拌机上，补充新骨料、再生添加剂，经充分搅拌后进行摊铺、振捣、熨平，完成就地重铺。这样铣削下来的旧沥青混合料全部被利用，得到一条再生路面。这种工艺要求一次性投资很大，且机上没有新骨料的加热装置以及精确的计量系统，难以满足旧路翻修过程中的各种工况要求，加上旧沥青的再生很难在短时间内达到满意的程度，故该再生方法难以在国内高速公路养护部门推广。

早期的加热方法使用明火直接加热路面，后来已发展为使用红外线加热以减少对沥青混凝土的损害和呛人的浓烟散发。大多数加热装置使用间接加热法，燃料为丙烷气。加热过程由一台或多台机器完成，通常是一台机器上装两个加热器，或一前一后两台机器上各装一个加热器，将材料加热到100~150℃。

一种性能更好、速度更快的新型加热方法一用微波能加热再生沥青混合物已出现，并逐步发展起来。使用微波加热装置对沥青路面进行现场热再生施工的过程是：现场路面采用冷法粉碎，最大深度达75mm；将粉碎好的材料收集起来并输送到普通的加热烘干机内进行预加热，然后通过微波加热使温度达到132℃；最后用常用的摊铺和压实设备将混合料推平、压实。在微波加热装置内可预先加入一些再生剂或其他添加物以及新骨料，这样可使加热及拌和效果更好。采用冷粉碎法是因为它比热粉碎法成本低。不过冷粉碎会使骨料性能降低，特别是会产生过量的直径小于75μm（200目过滤筛）的细粒。微波加热的特点是加热迅速、穿透深、路面温度的升高保持一致。然而微波加热往往因穿透过深会浪费掉一些能量。现在正对此进行改进以使微波能量集中到路面附近，这样既保证了加热速度，又能节省能源。

现场热再生可以达到最大深度为50mm的位置，在某种情况下，可以达到更深的再生深度。现场热再生可以矫正横断面的不平。

现场热再生法同传统常温修补法相比具有以下优点：

（1）工艺的改进使施工工艺大大减少。用传统方法修补路面病害时需要9道工序，而热再生工艺只需定位热软化、补充新料、混合整平和碾压成型4道工序。

（2）施工配套设备少。可减少传统常温修补工艺所需的空气压缩机、挖切机具、装运新混合料和废旧料的车辆等配套设备。因此，不但减少了设备投资，而且减少了施工人员和路面施工时的封路区域，保证车辆畅通。

（3）废料可就地再生使用。传统方法修补路面所用的沥青混合料大多是临时拌制的。因此，油石配比难以准确，其结果必然严重影响路面质量。而以热再生为主要内容的综合养护车所配备的料仓可将冷沥青混合料加热软化后使用。这些冷料不用专门拌制，只要在路面大中修施工期间，将施工现场每天的剩余料收集保管，或专门多制备一些混合料储备备用，就足以供应全年养护工程使用。同时，热再生工艺可使原损坏部分的旧料加热后与新料掺配后再生利用，也大大减少了对新混合料的依赖程度。

（4）修补速度快。传统方法修补一个坑槽需60~90min，而热再生工艺只需15~20min大大减少了因修路工程对交通流的影响。

（5）修补质量高。传统方法是冷接缝结合，应力集中，接缝处结合性差。特别是寒冷季节修补质量更差。而热再生工艺是热缝结合，新旧料互相融合，没有明显的接缝，因此结合强度高、平整度好、且大大延长了使用寿命。

（6）工程成本低。考虑所有因素后，一个25m深的HIPR路面层比冷粉碎后

再铺筑的一个新的25mm的面层要节约35%的成本。HIPR减少成本的因素主要与储备、操作、拖运以及转场经再生过旧沥青材料（RAP）等有关。另外与传统方法相比，HIPR对交通中断的影响也小得多。

沥青路面现场热再生技术的难点在于：沥青在加热到100℃时软化，但超过一定温后其性能急剧下降，并出现焦化现象。在现场加热时，很容易出现表层沥青焦化而里层沥青还未软化的现象。克服的方法是根据其热作用机理分析，设计出特殊加热装置以产生特殊波段的高温辐射能，在很短的时间内穿透较深的沥青路面。

值得注意的是：现场热再生不能修复位于沥青层以下较深位置的伸缩裂纹，不能纠正任何属于结构上的破坏；在实行现场热再生方法前，路面上的大量冷混合料补丁、喷涂补丁、必须除掉；含有矿渣或碎屑橡胶的热沥青混合料可能不适合现场热再生，因为它们具有很差的热传递性，天冷以及雨天时效率将有所降低。用现场热再生将很难处理急弯，一些交叉角或过渡地带仍然需要先将材料刨掉，然后将旧料风干后，再利用摊铺机或人工的方法重铺。

B　厂拌热再生法

厂拌热再生法就是将旧沥青路面经过翻挖后运回拌和厂，再集中破碎，与再生剂、新沥青材料、新骨料等在拌和机中按一定比例重新拌和成新的混合料，铺筑成再生沥青路面。其中新加沥青、再生剂与旧混合料的均匀充分融合是关键问题，在设计施工工艺中应充分考虑拌和机械设备。

连续式单滚筒再生方法和双滚筒再生方法是国内外获取再生沥青混凝土的两种主要方法。前者新骨料的加热、升温在滚筒内进行，矿粉及再生料在滚筒中部由专门的喂料环加入，这样新旧材料的加热、搅拌均在一个滚筒内完成，拌和的均匀性难以保证，而且由于高温明火，旧沥青混合料中的沥青成分易被烧焦、裂解。上述两方面的原因将严重影响再生料的质量。这类设备以意大利MARINI公司及日本日工公司的产品为代表。后者为特殊的双滚筒再生设备，以美国的ASTEC的产品为代表，该再生设备的内筒为干燥筒，外筒与内筒之间的夹层为搅拌区，具体工作过程如下：通过连续式差分计量系统进行称量以及骨料与输料机构的工作，新骨料被送至内筒，并在内筒被加热到一定的温度，经卸料口进入内外筒之间的夹套，旧沥青混合料和矿粉同时从外筒的喂料环加入。冷的旧沥青混合料一方面接受新骨料的热量；另一方面接受来自内筒外壁的辐射热量，旧沥青混合料被加热到所需要的温度。另外，双滚筒再生设备，内筒外壁上安装着按一定规律布置的叶片，能够将新旧沥青混合料充分地加热、混合并强制搅拌，从而得到质量良好的再生沥青混合料。

近年来，应用热处理法在工厂再生旧沥青混凝土的越来越多。在工厂堆存的旧沥青混凝土，若是冷开采的，堆放就不结块。若是热开采的，则为防止结块，可加入砂子或矿粉。用不同方式获得的材料应分开存放，加工旧沥青混凝土在专门的搅拌机内进行。

为使旧沥青性能不致变坏，不发生大量烟尘，加热有直接加热、间接加热和用过热石料加热三种方法。直接加热通常在圆筒型搅拌机内完成，为避免旧沥青混凝土的过热，搅拌机内的隔热板可以防止未加热的旧材料预热，直接加热用于回收含旧沥青混凝土70%的混合料。间接加热借助专门设备的热交换管道进行，混合料同火焰不直接接触，用这种装置可以回收含旧沥青混凝土100%的混合料。用过热石料加热采用通常的搅拌机，随着拌和，圆筒内的过热矿料（温度220~260℃）与送入的冷旧料进行热交接。直接加热和用过热石料加热虽能利用标准设备，但不符合环境保护要求。间接加热虽能加热含旧沥青混凝土100%的混合料，且不降低质量、环境污染小，但生产能力低。

4.5.2.2 冷再生方法

冷再生方法是利用铣刨机将旧沥青面层及基层材料翻挖，将旧沥青混合料破碎后当作骨料，加入再生剂混合均匀，碾压成型后，主要作为公路基层及底基层使用。沥青混凝土冷再生操作在常温下进行，所以冷再生法又称为常温再生法。再生剂包括乳化沥青、泡沫黏稠沥青、粉煤灰、石灰、氯化钙以及诸如粉煤灰加水泥或粉煤灰加石灰等复合材料。在某些情况下，当路面的沥青含量太高或是需要改善骨料的级配时，则还需掺加新骨料。只有当再生剂为乳化沥青时，再生混合料碾压成型后才可直接用作再生路面，此时路面的品质不是很好，主要是用于等级低的道路。

A 现场冷再生法

现场冷再生法是将路面混合料在原路面上就地翻挖、破碎，再加入新沥青和新骨料。用路拌机原地拌和，最后碾压成型。

现场冷再生中，一般再生沥青路面材料（以下简称RAP）100%都得到加工。通常再生的旧沥青路面厚度为5~10cm，但若采用其他的添加剂如粉煤灰或水泥，而不是一般所使用的乳化沥青，处理厚度还能大些。全部的施工都是在再生的路面上完成的。对于大多数现场冷拌再生施工法来说，新的面层是热拌沥青混合料，但是对于交通量特别低的路来说，面层可能只用单层的或双层的沥青封层。

多数现场冷再生是利用再生设备系列完成的。设备系列包括一台大型冷铣刨机，该机拖带一台筛分和粉碎装置，随后是拌和设备，或是装在单个拖车上的筛分装置和拌和设备。经过加工的材料通常是分堆存放以便装运。但是也可以将这种材料从拌和设备直接运送到摊铺机的料斗内。铺筑通常是用惯用的热拌沥青混合料铺设机完成的，然后用压路机压实。

B 厂拌冷再生法

厂拌冷再生法是采用固定式冷拌和再生设备回收沥青路面材料（RAP）生产

再生混合料，该设备包括用于储存 RAP 和新骨料的单个或多个的冷供料斗，附有贮存和卡车装料用的卸料斗，或采用运送机或带式堆料机堆放混合料。为了使再生剂用量适当，设备应该附设计量运送带和计算机监控的液态添加剂系统。如果要将混合料按长堆堆料以便于装料时，可以用普通的倾卸式卡车或底部倾卸式卡车运送冷再生混合料，以便铺筑。通常使用惯用的沥青播铺机摊铺混合料，但也可使用自动平地机铺筑，再用常规压路机进行压实。再生的混合料可以立即应用或者将其堆放一处，以备后来使用，诸如用于养护维修方面的补修和填补路面坑洞。

集中拌和的再生利用混合料的常温拌和技术，是将旧沥青路面块集中地进行破碎处理及分级，连续生产供常温搅拌设备所使用的材料。泡沫沥青和沥青乳剂两种结合料使再生骨料在卧式叶片搅拌机内包铺沥青。用这两种方法能以低的能耗生产出 90%以上具有适当设计寿命的再生沥青路面。虽然再生混合料最终的工程特性不如加热混合料，但与采用再生骨料的混合料相比则不相上下。常温拌和设备的部件数量少，也不太复杂，所以能应用于运往其他地点的短期再生工程。

4.6 微粉的资源化

目前，有关建筑垃圾微粉资源化的研究较少，除了单独将废旧混凝土微粉作细骨料制再生混凝土外，主要还有将建筑垃圾微粉用于生产硅酸钙砌块和用作生活垃圾填埋场的日覆盖材料两方面。

4.6.1 建筑垃圾微粉用于生产硅酸钙砌块

将水泥（或石灰）、石英砂和水按一定比例混合后置于一定规格的模具中，然后在 180~200℃高压蒸汽中养护数小时，可得到因硅酸钙的水化作用而形成的具有相当强度的砌块，一些国家（如荷兰）将这种砌块作为建筑物的承重材料。一些研究者将建筑垃圾微粉取代部分或全部石英砂，结果发现其性能相当于甚至优于未掺入建筑垃圾微粉的产品。Danielle S. Klimesch 和 Abhi Ray 等人利用澳大利亚悉尼一建筑垃圾再利用厂的微粉（粒径 0~6.3mm）部分取代石英砂（波特兰水泥与石英砂的质量比为 45 : 55，微粉的取代率分别为 13.75%、27.5%、41.25%和 55%，水的加入量为总固体质量的 36%）在 180℃高压蒸汽中养护 6h 得到硅酸钙砌块。试验结果表明，当微粉的取代率达到 41.25%以上时，硅酸钙砌块的性能有明显提高。H. M. L. Schuur 利用砖瓦和混凝土的混合微粉部分（粒径 0~4mm）或全部取代石英砂（取代率为 50%和 100%）与石灰混合（石灰占 7%）后，加入一定量的水，然后在 200℃高压蒸汽中养护 4.5h 得到硅酸钙砌块。结果发现，砖瓦和混凝土的混合微粉部分或全部取代石英砂时，硅酸钙砌块的性能均有明显提高。

4.6.2 建筑垃圾微粉用作生活垃圾填埋场的日覆盖材料

在美国佛罗里达州，建筑垃圾处理中心的微粉通常被运往生活垃圾填埋场当作填埋场日覆盖材料。Timothy G. Townsend 和 Brian Messick 等人收集了美国佛罗里达 13 家建筑垃圾处理中心的微粉并对其特性进行了测定，建筑垃圾微粉特性见表 4-19。表 4-19 结果表明，建筑垃圾微粉符合生活垃圾填埋场日覆盖材料的要求。

表 4-19 建筑垃圾微粉（粒径小于 6.3mm）特性

参　数	样品个数	测定值范围	平均值
pH 值	28	7.45~10.31	7.99
水分含量/%	28	14.90~25.70	17.80
挥发性固体/%	28	2.29~14.36	5.71
曲率系数（C_z）	28	0.52~1.33	0.79
一致性系数（C_u）	28	2.48~10.0	5.21
水力渗透系数/$cm \cdot s^{-1}$	12	0.33×10^{-3}~4.21×10^{-3}	1.47×10^{-3}
最大干密度/$kg \cdot m^{-3}$	25	1.17×10^{3}~1.67×10^{3}	1.45×10^{3}
最佳水分含量/%	25	13.00~23.90	18.42
内部摩擦角/(°)	5	34.7~42.9	38.5
总磷/$mg \cdot kg^{-1}$	28	1.22~194.78	132.53
凯氏氯/$mg \cdot kg^{-1}$	25	280.58~1190.99	692.03
总钾/$mg \cdot kg^{-1}$	25	142.51~670	350.68

4.7 我国对建筑用建筑垃圾再生原料的相关规定

4.7.1 对混凝土用再生粗骨料的规定

4.7.1.1 定义与分类

国标《混凝土用再生粗骨料》（GB/T 25177—2010）定义混凝土用再生粗骨料为“由建（构）筑废物中的混凝土、砂浆、石、砖瓦等加工而成，用于配置混凝土的、粒径不大于 4.75mm 的颗粒”，并将其按性能要求分为 Ⅰ 类、Ⅱ 类、Ⅲ类。

4.7.1.2 应用范围

《再生骨料应用技术规程》（JGJ/T 240—2011）规定了混凝土用再生粗骨料的应用范围，具体内容如下：

（1） Ⅰ类再生粗骨料可用于配制各种强度等级的混凝土。

（2） Ⅱ类再生粗骨料宜用于配制 C40 及以下强度等级的混凝土。

（3） Ⅲ类再生粗骨料可用于配制 C25 及以下强度等级的混凝土。

（4）混凝土用再生粗骨料不宜用于配制有抗冻性要求的混凝土，不得用于配制预应力混凝土。

建材行业标准《再生骨料地面砖和透水砖》（JC/T 240—2012）规定：混凝土用再生粗骨料可用于再生骨料地面砖和透水砖的生产。

4.7.1.3 性能要求

A 颗粒级配

再生粗骨料按粒径尺寸分为连续粒级和单粒级。连续粒级分为 5～16mm、5～20mm、5～25mm 和 5～31.5mm 四种规格，单粒级分为 5～10mm、10～20mm 和 16～31.5mm 三种规格。再生粗骨料的颗粒级配见表 4-20。

表 4-20 再生粗骨料颗粒级配

公称粒径/mm		累计筛余/%							
		方孔筛筛孔边长/mm							
		2.36	4.75	9.50	16.0	19.0	26.5	31.5	37.5
连续粒级	5～16	95～100	85～100	30～60	0～10	0			
	5～20	95～100	90～100	40～80	—	0～10	0		
	5～25	95～100	90～100	—	30～70	—	0～5	0	
	5～31.5	95～100	90～100	70～90	—	15～45	—	0～5	0
单粒级	5～10	95～100	80～100	0～15	0				
	10～20		95～100	85～100		0～15	0		
	16～31.5		95～100		80～100			0～10	0

B 微粉含量和泥块含量

微粉含量指混凝土用再生粗骨料中粒径小于 75μm 的颗粒含量；泥块含量指混凝土用再生粗骨料中原粒径大于 4.75mm，经水浸洗、手捏后变成小于 3.36mm 的颗粒含量。再生粗骨料的微粉含量和泥块含量见表 4-21。

表 4-21 再生粗骨料的微粉含量和泥块含量

项　　目	Ⅰ类	Ⅱ类	Ⅲ类
微粉含量（按质量计）/%	<1.0	<2.0	<3.0
泥块含量（按质量计）/%	<0.5	<0.7	<1.0

C 吸水率

吸水率指混凝土用再生粗骨料饱和面干状态时含水的质量占绝干状态质量的分数，再生粗骨料的吸水率见表4-22。

表4-22 再生粗骨料的吸水率

项　目	Ⅰ类	Ⅱ类	Ⅲ类
吸水率（按质量计）/%	<3.0	<5.0	<8.0

D 针片状颗粒含量

混凝土用再生粗骨料的长度大于该颗粒所属相应粒级的平均粒径2.4倍者为针状颗粒；厚度小于平均粒径2/5者为片状颗粒（平均粒径指该粒径的平均值）。再生粗骨料的针片状颗粒含量见表4-23。

表4-23 再生粗骨料的针片状颗粒含量

项　目	Ⅰ类	Ⅱ类	Ⅲ类
针片状颗粒含量（按质量计）/%		<10	

E 有害物质含量

再生粗骨料中的有害物质含量见表4-24。

表4-24 再生粗骨料的有害物质含量

项　目	Ⅰ类	Ⅱ类	Ⅲ类
有机物		合格	
硫化物及硫酸盐（折算成SO_3，按质量计）/%		<2.0	
氯化物（以氯离子质量计）/%		<0.06	

F 杂物含量

杂物指建筑垃圾中除混凝土、砂浆、砖瓦和石之外的其他物质，再生粗骨料中的杂物含量见表4-25。

表4-25 再生粗骨料的杂物含量

项　目	Ⅰ类	Ⅱ类	Ⅲ类
杂物（按质量计）/%		<1.0	

G 坚固性

坚固性是指在自然风化和其他物理化学因素作用下抵抗破裂的能力。硫酸钠溶液法试验中，再生粗骨料经5次循环后，再生粗骨料的坚固性指标见表4-26。

表 4-26　再生粗骨料的坚固性指标

项　　目	Ⅰ类	Ⅱ类	Ⅲ类
质量损失/%	<5.0	<10.0	<15.0

H　压碎指标

压碎指标是抵抗压碎能力的指标，再生粗骨料的压碎指标见表 4-27。

表 4-27　再生粗骨料的压碎指标

项　　目	Ⅰ类	Ⅱ类	Ⅲ类
压碎指标值/%	<12	<20	<30

I　表观密度和空隙率

表观密度是指混凝土用再生粗骨料颗粒单位体积（包括内封闭孔隙）的质量，再生粗骨料的表观密度和气孔率见表 4-28。

表 4-28　再生粗骨料的表观密度和气孔率

项　　目	Ⅰ类	Ⅱ类	Ⅲ类
表观密度/kg·m^{-3}	>2450	>2350	>2250
气孔率/%	<47	<50	<53

4.7.2　对混凝土和砂浆用再生细骨料的规定

4.7.2.1　定义与分类

国标《混凝土和砂浆用再生细骨料》（GB/T 25176—2010）定义混凝土用再生细骨料为“由建（构）筑废物中的混凝土、砂浆、石、砖瓦等加工而成，用于配置混凝土和砂浆的粒径不大于 4.75mm 的颗粒”，并将其按性能要求分为Ⅰ类、Ⅱ类、Ⅲ类。

4.7.2.2　应用范围

《再生骨料应用技术规程》（JGJ/T 240—2011）规定了混凝土和砂浆用再生细骨料的应用范围，具体内容如下：

（1）Ⅰ类再生细骨料宜用于配制 C40 及以下强度等级的混凝土。

（2）Ⅱ类再生细骨料可用于配制 C25 及以下强度等级的混凝土。

（3）Ⅲ类再生细骨料不宜用于配制结构混凝土。

（4）再生细骨料不得用于配制预应力混凝土。

（5）再生细骨料可用于配制砌筑砂浆、抹灰砂浆和地面砂浆。再生骨料地面砂浆不宜用于地面面层。

（6）Ⅰ类再生细骨料可用于配制各种强度等级的砂浆。

（7）Ⅱ类再生细骨料可用于配制强度等级不高于 M15 的砂浆。

（8）Ⅲ类再生细骨料宜用于配制强度等级不高于 M10 的砂浆。

建材行业标准《再生骨料地面砖和透水砖》（JC/T 240—2012）规定：混凝土和砂浆用再生细骨料可用于再生骨料地面砖和透水砖的生产。

4.7.2.3 性能要求

A 颗粒级配

再生细骨料的颗粒级配见表 4-29。

表 4-29 再生细骨料的颗粒级配

方孔筛筛孔边长	累计筛余/%		
	1 级配区	2 级配区	3 级配区
9.50mm	0	0	0
4.75mm	10~0	10~0	10~0
2.36mm	35~5	25~0	15~0
1.18mm	65~35	50~10	25~0
600μm	85~71	70~41	40~16
300μm	95~80	92~70	85~55
150μm	100~85	100~80	100~75

B 微粉含量和泥块含量

微粉指再生细骨料中粒径小于 75μm 的颗粒；泥块指再生细骨料中原粒径大于 1.18mm，经水浸洗、手捏后变成小于 600μm 的颗粒。亚甲蓝值（MB 值）为表征再生细骨料中粒径小于 75μm 的颗粒中高岭土含量的指标。根据亚甲蓝试验结果的不同，再生细骨料的微粉含量和泥块含量见表 4-30。

表 4-30 再生细骨料的微粉含量和泥块含量

项目		Ⅰ类	Ⅱ类	Ⅲ类
微粉含量（按质量计）/%	MB 值<1.40 或合格	<5.0	<7.0	<10.0
	MB 值>1.40 或不合格	<1.0	<3.0	<5.0
泥块含量（按质量计）/%		<1.0	<2.0	<3.0

C 有害物质含量

轻物质是指再生细骨料中表观密度小于 2000kg/m^3 的物质。再生细骨料中如含有云母、轻物质、有机物、硫化物及硫酸盐或氯盐等有害物质，再生细骨料中的有害物质含量见表 4-31。

表 4-31 再生细骨料中的有害物质含量

项 目	Ⅰ类	Ⅱ类	Ⅲ类
云母含量（按质量计）/%	<2.0		
轻物质含量（按质量计）/%	<1.0		
有机物含量（比色法）/%	合格		
硫化物及硫酸盐含量（按 SO_3 质量计）/%	<2.0		
硫化物含量（按氯离子质量计）/%	<0.06		

D 坚固性

坚固性是指在自然风化和其他物理化学因素作用下抵抗破裂的能力。硫酸钠溶液法试验中，再生细骨料经 5 次循环后，再生细骨料的坚固性指标见表 4-32。

表 4-32 再生细骨料的坚固性指标

项 目	Ⅰ类	Ⅱ类	Ⅲ类
饱和硫酸钠溶液中质量损失/%	<8.0	<10.0	<12.0

E 压碎指标

压碎指标是指抵抗压碎能力的指标，再生细骨料的压碎指标见表 4-33。

表 4-33 再生细骨料的压碎指标

项 目	Ⅰ类	Ⅱ类	Ⅲ类
单级最大压碎指标值/%	<20	<25	<30

F 再生胶砂需水量比

再生胶砂需水量是指流动度为（130±5mm）的再生胶砂用水量，再生胶砂需水量比为再生胶砂需水量与基准胶砂需水量之比。再生胶砂需水量比见表 4-34。

表 4-34 再生胶砂需水量比

项目	Ⅰ类			Ⅱ类			Ⅲ类		
	细	中	粗	细	中	粗	细	中	粗
需水量比	<1.35	<1.30	<1.20	<1.55	<1.45	<1.35	<1.80	<1.70	<1.50

G 再生胶砂强度比

再生胶砂强度比为再生砂浆与基准砂浆的抗压强度之比。再生胶砂强度比见表 4-35。

表 4-35　再生胶砂强度比

项目	Ⅰ类			Ⅱ类			Ⅲ类		
	细	中	粗	细	中	粗	细	中	粗
强度比	>0.80	>0.90	>1.00	>0.70	>0.85	>0.95	>0.60	>0.75	>0.90

H　表观密度、堆积密度和气孔率

再生细骨料的表观密度、堆积密度和气孔率见表 4-36。

表 4-36　表观密度、堆积密度和气孔率

项　　目	Ⅰ类	Ⅱ类	Ⅲ类
表观密度/kg · m^{-3}	>2450	>2350	>2250
堆积密度/kg · m^{-3}	>1350	>1300	>1200
气孔率/%	<46	<48	<52

I　碱骨料反应

经碱骨料反应试验后，由再生细骨料制备的试件应无裂缝、酥裂或胶体外溢等现象，膨胀率应小于 0.10%。

4.7.3　对道路用建筑垃圾再生骨料无机混合料的规定

4.7.3.1　定义、分类及应用范围

建材行业标准《道路用建筑垃圾再生骨料无机混合料》（JC/T 2281—2014）定义再生骨料为由建筑垃圾中的混凝土、砂浆、石、砖瓦等加工而成的粒料，再生级配骨料为掺用了再生骨料的级配骨料，再生骨料无机混合料为由再生级配骨料配制的无机混合料。按照无机结合料的种类，建筑垃圾再生骨料无机混合料分为三类：水泥稳定再生骨料无机混合料、石灰粉煤灰稳定再生骨料无机混合料和水泥粉煤灰稳定再生骨料无机混合料。

再生级配骨料分为Ⅰ类、Ⅱ类。Ⅰ类再生级配骨料可用于城镇道路路面的底基层以及主干路及以下道路的路面基层；Ⅱ类再生级配骨料可用于城镇道路路面的底基层以及次干路支路及以下道路的路面基层。

4.7.3.2　再生级配骨料的颗粒级配要求

水泥稳定的再生级配骨料的颗粒级配见表 4-37 和表 4-38 的规定，再生级配骨料 4.75mm 以上部分性能要求见表 4-39。

表 4-37 水泥稳定的再生级配骨料颗粒组成

项目		通过质量分数/%	
		底基层	基层
筛孔尺寸	37. 5mm	100	—
	31. 5mm	—	100
	26. 5mm	—	90~100
	19. 0mm	—	72~89
	9. 5mm	—	47~67
	4. 75mm	50~100	29~49
	2. 36mm	—	17~35
	1. 18mm	—	—
	600μm	17~100	8~22
	75μm	0~30	0~7

表 4-38 石灰粉煤灰（水泥粉煤灰）稳定的再生级配骨料颗粒组成

项目		通过质量分数/%	
		底基层	基层
筛孔尺寸	37. 5mm	100	—
	31. 5mm	90~100	100
	19. 0mm	72~90	81~98
	9. 5mm	48~68	52~70
	4. 75mm	30~50	30~50
	2. 36mm	18~38	18~38
	1. 18mm	10~27	10~27
	600μm	6~20	8~20
	75μm	0~7	0~7

表 4-39 再生级配骨料（4. 75mm 以上部分）性能指标要求

项目	Ⅰ	Ⅱ
再生混凝土颗粒含量	≥90	—
压碎指标	≤30	≤45
	≤0. 5	≤1. 0
针片状颗粒含量	≤20	

4.7.4 对砌块和砖用再生骨料的规定

4.7.4.1 定义

《再生骨料应用技术规程》（JGJ/T 240—2011）定义再生骨料砌块为“掺用再生骨料，经搅拌、成型、养护等工艺过程制成的砌块”，定义再生骨料砖为“掺用再生骨料，经搅拌成型、养护等工艺过程制成的砖”。用于生产砌块和砖的再生骨料包括再生粗骨料和再生细骨料，再生粗骨料是由建筑垃圾中的混凝土、砂浆、石或砖瓦等加工而成，粒径大于 4.75mm 的颗粒；再生细骨料是由建筑垃圾中的混凝土、砂浆、石或砖瓦等加工而成，粒径不大于 4.75mm 的颗粒。

4.7.4.2 性能要求

制备砌块和砖的再生粗骨料与再生细骨料的性能指标应分别满足表 4-40 和表 4-41 的要求。

表 4-40 制备砌块和砖的再生粗骨料的性能指标

项目	指标要求
微粉含量（按质量计）/%	<5.0
吸水率（按质量计）/%	<10.0
杂物（按质量计）/%	<2.0
泥块含量、有害物质含量、坚固性、单级最大压碎指标、碱骨料反应性能	应符合现行国家标准《混凝土用再生粗骨料》（BG/T 25177）的规定

表 4-41 制备砌块和砖的再生细骨料的性能指标

项目		指标要求
微粉含量（按质量计）/%	MB 值<1.40 或合格	<12.0
	MB 值≥1.40 或不合格	<6.0
泥块含量、有害物质含量、坚固性单级最大压碎指标、碱骨料反应性能		应符合现行国家标准《混凝土和砂浆用再生细骨料》（BG/T 25176）的规定

4.7.5 对混凝土实心砖用地震损毁建筑废弃物再生料骨料的规定

4.7.5.1 定义及应用范围

四川省地方标准《地震损毁建筑废弃物再生骨料混凝土实心砖》（DB51/T 863—2008）定义地震损毁建筑废弃物再生骨料为因地震垮塌或地震后拆除的建筑物、构筑物的碎砖、碎混凝土等无机废渣，经过破碎、筛分，去掉金属、木

屑、塑料等有害杂质制成的再生骨料。

以地震损毁建筑废弃物再生骨料、普通硅酸盐水泥为主要原料，加入适量的外加剂或掺合料，加水搅拌后压制成型，经自然养护或蒸汽养护可制成混凝土实心砖。

4.7.5.2 性能要求

地震损毁建筑废弃物加工的再生骨料应符合表 4-42 的规定。

表 4-42 地震损毁建筑废弃物加工的再生骨料技术指标

项目		指标
含泥量（按质量计）/%	细骨料	≤8.0
	粗骨料	≤2.0
吸水率/%		≤15
粗骨料最大粒径/mm		≤10
压碎指标/%		<30
有害物质含量	有机质含量	合格
	硫化物及硫酸盐含量（按 SO_3 计）/%	≤1.0
	细骨料轻物质含量（按质量计）/%	≤1.0
	金属、塑料、沥青、玻璃、植物碎屑、织物等杂质/%	≤1.0
放射性	内照射指数	≤1.0
	外照射指数	≤1.0

4.7.6 对混凝土砌块（砖）用建筑垃圾再生原料的规定

4.7.6.1 定义、分类及应用范围

建材行业标准《混凝土砌块（砖）用建筑垃圾再生原料（征求意见稿）》定义建筑垃圾再生原料为“由建（构）筑废物中的混凝土、砂浆、石、砖瓦和陶瓷等破碎加工，其颗粒粒径既包含再生粗骨料和再生细骨料，又含有一定量的微粉，可以在混凝土砌块（砖）产品生产中代替或部分代替天然粗骨料和细骨料，有一定颗粒级配要求的生产原料”。

混凝土砌块（砖）泛指以水泥为胶凝材料的干硬性或半干硬性新拌混凝土，采用振动加压成型的建筑墙体用混凝土砌块（砖）、市政道路用混凝土路面砖（板）以及水工护坡砌块和挡墙砌块等块状制品。

再生原料按其主要组分和颗粒级配情况，分为 A-Ⅰ类、A-Ⅱ类和 B 类。

A 类：质量比 80%以上的颗粒，其成分为建（构）筑物废弃硅酸盐水泥混

凝土中所含的天然石子、天然砂子和水泥胶凝材料颗粒组成的再生原料。

B 类：主要以建（构）筑物废弃的烧结砖或陶瓷类材料颗粒组织的再生原料。

再生原料可作为混凝土块（砖）生产过程中的混合级配类骨料进行掺加。

4.7.6.2 性能要求

A 颗粒级配

再生原料的颗粒级配见表 4-43。

表 4-43 再生原料的颗粒级配

方孔筛筛孔边长	累计筛余/%		
	A-Ⅰ级	A-Ⅱ级	B 级
26.5mm	≤0.0	≤0.0	0.0
19.0mm	≤5.0	≤0.0	≤5.0
9.5mm	≥50.0	25~0	≥10.0
4.75mm	≥75.0	50~10	10.0~60.0
1.18μm	≥95.0		≥75.0
150μm	≥97.5	≥95.0	≥92.0

B 泥块含量

再生原料中，按质量计的泥块含量见表 4-44。

表 4-44 泥块含量

项　目	A-Ⅰ级	A-Ⅱ级	B 级
泥块含量（按质量计）/%	<2.0		<3.0

C 杂物含量

再生原料中的杂物含量，按质量计应不大于 2%。

D 有害物质含量

再生原料中的有害物质含量见表 4-45。

表 4-45 再生原料中的有害物质含量

项　目	A-Ⅰ级	A-Ⅱ级	B 级
有机物含量（比色法）	合格		
硫化物及硫酸盐含量（按 SO_3 计）/%	<2.0		
氯化物含量（以氯离子质量计）/%	<0.06		

E 坚固性

硫酸钠溶液法试验中，再生细骨料经5次循环后，其坚固性指标见表4-46。

表4-46 再生细骨料的坚固性指标

项　目	A-Ⅰ级	A-Ⅱ级	B级
质量损失/%	<10.0	<15.0	<18.0

F 表观密度、堆积密度和气孔率

再生原料的表观密度、堆积密度和气孔率见表4-47。

表4-47 再生原料的表观密度、堆积密度和气孔率

项　目	A-Ⅰ级	A-Ⅱ级	B级
表观密度/kg·m^{-3}	≥2200		≥1800
堆积密度/kg·m^{-3}	≥1450		≥1100
气孔率/%	<46		<52

5 固定式建筑垃圾资源化处理厂

农村建筑垃圾有明显的危害性，具体表现在：污染空气质量和农村水资源、降低土壤质量及土壤结构、影响农作物质量、侵占道路和农村公共用地、影响乡村美观、堆放随意存在安全隐患等，因此建筑垃圾的治理势在必行；同时，建筑垃圾有回收再利用的价值，特别在国家对天然河沙的管控越来越严厉的当下，建筑垃圾处理后的再生骨料可成为工程建设的原材料并能应用到建设工程中去，可以充分替代不可再生的天然砂石等资源，符合循环经济的理念。

建设固定式建筑垃圾资源化处理厂是一种趋势，它的适应性强，可以接收各类型建筑拆除垃圾；同时，以后环保会越来越严格，固定式建筑垃圾资源设施一般布置在封闭厂房中，利于除尘、降噪等。

5.1 厂址选择与总图布置

5.1.1 厂址选择

建筑垃圾资源化处置设施厂址选择须满足以下要求：

（1）所选厂址应符合当地城乡建设总体规划要求。

（2）厂址选择应综合考虑项目的服务区域、交通、土地利用现状、基础设施状况、运输距离及公众意见等因素。

（3）厂址选择应结合建设规模、新增建筑垃圾来源、再生产品设计与流向、场地现有设施、环境保护等因素进行综合技术经济比较后确定。

（4）可优先考虑在既有建筑垃圾消纳场内建设固定式处置厂，或与其他一般固体废物处理处置设施、建筑材料生产设施等同址或联动建设。

（5）厂址应在行政区域（或跨行政区域）范围内合理布局，20km 半径内宜布局一个。

（6）厂址与机关、学校、医院、居民住宅、人畜饮用水源地等的距离应满足表 5-1 规定。

（7）交通方便，可通行重载卡车，满足通行能力要求，运输车辆不宜穿行居民区。

（8）厂址应选择在土石方开挖工程量少、工程地质和水文地质条件较好的地带，应避开断层、断层破碎带、溶洞区，并应避开山洪、滑坡、泥石流等地质

灾害易发地段，以及天然滑坡或泥石流影响区。

（9）厂址应根据远期规划要求与城市建设特点，不仅满足近期处置功能与模块设计所需的场地面积，还应适当留有发展的余地。

（10）禁止选在自然保护区、风景名胜区和其他需要特别保护的区域。

（11）厂址应位于城镇和居住区全年最小频率风向的上风侧，不应选在窝风地段。

表 5-1　厂址卫生防护距离

生产规模 /mt·a^{-1}	距　离　/m（所在地区近 5 年平均风速 m/s）		
	<2	2~4	>4
<100	400	300	200
≥100	500	400	300

5.1.2　总图布置

固定式建筑垃圾资源化处理厂的总图布置应满足以下要求：

（1）总平面布置应根据场地条件、施工作业等因素，经过技术经济比较确定。

（2）总平面布置应有利于减少建筑垃圾运输和处理过程中的安全、粉尘、噪声等对周围环境的影响。

（3）总平面布置中应减少场外场内转运，并应依据地势，充分利用势能差，减少运输能耗。

（4）厂区人流、物流通道分开设置，做到出入口互不影响。

（5）各作业区应合理分隔，应组织好场内人流和物流线路，避免交叉。

（6）分期建设项目应各期联动考虑，在总平面布置时预留分期工程场地。

（7）总平面布置应以固定式再生处理厂房为主体进行布置，其他各项设施应按建筑垃圾处理流程、功能分区，合理布置，做好辅助设施与主体设施的接口设计和管理，并应做到整体效果协调、美观。

（8）建筑垃圾原料堆场占面积地宜按堆高不超过 6m、容纳能力不宜低于 15d 的再生处理量进行设计。

（9）根据再生产品方案设置相应的资源化利用生产线、再生材料及资源化利用产品仓储区，仓储区需预留足够的空间，资源化利用产品仓储区应按不低于各类产品的最低养护期储存能力设计。

（10）辅助设施布置应符合以下要求：

1）辅助设施的布置应以使用方便为原则；

2）生活和行政办公管理设施宜布置在夏季主导风向的上风侧，与主体设施之间宜设绿化隔离带；

3）各项建（构）筑物的组成及其面积均应符合国家相关标准的规定。

（11）厂区管线布置应符合以下要求：

1）雨水导排管线应全面安排，做到导排通畅；

2）管线布置应避免相互干扰，应使管线长度短、水头损失小、流通顺畅、不易堵塞和便于清通。各种管线宜用不同颜色加以区别。

（12）固定式建筑垃圾处置厂总平面布置及绿化应符合现行国家标准《工业企业总平面设计规范》（GB 50187）的有关规定，并可根据需要增设配套资源化利用设施。

5.2 资源化处理厂建设规模

根据《固定式建筑垃圾资源化处置设施建设导则》，建筑垃圾资源化处理设施建设规模按年处理量建议分为四档，建筑垃圾资源化处理设施建设规模划分见表 5-2。

表 5-2 建筑垃圾资源化处理设施建设规模划分

级别	年处理量/kt	建设用地/亩①	建筑面积/m^2	人员编制
Ⅰ	>1500	>140	>30000	>200
Ⅱ	1000～1500	100～140	25000～35000	100～150
Ⅲ	500～1000	60～100	15000～25000	50～100
Ⅳ	300～500	<60	10000～20000	<50

① 1 亩=666.6m^2。

建筑垃圾资源化处置设施建设规模的确定应与建筑垃圾来源预测和再生产品销售市场预测相适应。

建筑垃圾产量的预测需要符合发展趋势和实际需要，影响建筑垃圾产量预测的主要因素有：

（1）有效运距范围内的建筑垃圾基础数据的全面性和准确性；

（2）建筑垃圾产量预测方法的科学性。

在建立建筑垃圾产量预测方法时，应从预测区域社会经济、人口、基础设施建设情况出发，把握对建筑垃圾产生量起关键作用的影响因素，从而保证预测方法的可行性。

建筑垃圾产量的计算采用经验数据估算法和公式法相结合的方法。

5.2.1 方法一

影响城市建筑垃圾产量的主要指标体系为：建筑施工面积、更新改造面积和建筑装潢垃圾。

根据各城市建筑施工面积、更新改造面积，并依据相关学者的研究成果和部

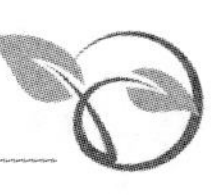

分城市的统计资料，分别确定建筑施工、更新改造每年产生的建筑垃圾和建筑装潢垃圾，以此为基础预测未来城市建筑垃圾的年产量。

5.2.1.1 主要指标的计算

A 建筑施工垃圾产量（Z_1）

经对砖混结构、全现浇结构和框架结构等建筑施工材料损耗的粗略统计，在 $1m \times 10^4 m$ 建筑面积的施工过程中，可产生的废弃砖和水泥块等建筑废渣的产量为500~600t。因此，计算建筑施工垃圾时，按 $1m \times 10^4 m$ 建筑面积的施工过程中，建筑废渣的产量为550t，以此推算建筑施工垃圾年产量。

B 更新改造垃圾产量（Z_2）

有资料显示，拆除每平方米建筑约产生 0.7t 建筑垃圾。中国某家住宅建筑公司在拆除过程的统计中表明，每平方米住宅大约产生 1.35t 的建筑垃圾。因此，依据每平方米住宅大约产生 1.35t 的建筑垃圾，可以推算出更新改造的建筑垃圾年产量。

C 建筑装潢垃圾产量（Z_3）

据统计，1997 年上海市的建筑装潢垃圾约为建筑施工垃圾总量的 10%。随着人均收入和生活水平的不断提高，人们对于房屋的装潢要求越来越高，由此产生的建筑装潢垃圾也随之不断增加。因此，以建筑施工垃圾年总产量的 15%来推算建筑装潢垃圾的年总产量。

5.2.1.2 城市建筑垃圾年总产量（Z）的确定

由于建筑施工面积、更新改造面积、建筑装潢垃圾的总量占到建筑垃圾总量的95%，所以可以分别依据建筑施工面积、更新改造面积、建筑装潢垃圾的年产量，确定出建筑垃圾年产量的基础上，再除以 95%，得到城市建筑垃圾年总产量。

5.2.2 方法二

5.2.2.1 经验数据估算法

在建筑垃圾中，拆除部分占据了很大的比重，对于这一部分的建筑垃圾产生量采用经验系数法。

有统计数据研究表明，工业建筑物种，各种结构类型所导致的产生量的差别范围为 2%~12%，而在住宅建筑物中，各种结构类型的拆毁建筑垃圾产生量相差 1%~12%。拆除类建筑垃圾产生量可以按照以下经验数据估算：城镇地区砖混和框架结构的建筑物，产生量约为 $1.0 \sim 1.5 t/m^2$；其他木质和钢结构的建筑物，产生量约为 $0.8 \sim 1.0 t/m^2$。我国拆毁建筑垃圾产率系数见表 5-3。

表 5-3　我国拆毁建筑垃圾产率系数　(kg/m²)

垃圾组成		拆除垃圾组成比例			
		混合结构	钢混结构	砖木结构	钢结构
1	废钢	1.3	2.0	0.2	3.2
2	废混凝土/砂石	69.9	80.2	53.1	71.7
3	废砖	26.6	15.9	42.8	23.9
4	废玻璃	0.1	0.1	0.2	0.3
5	可燃物	2.1	1.9	3.7	0.9
合　计		100	100	100	100
垃圾产生量/$kg \cdot m^{-2}$		1200~1300	1600~1700	900~1000	800~1000

5.2.2.2　公式法

根据《建筑废物资源化利用技术指南》（住房和城乡建设部组织编制）提供的拆除类建筑垃圾产生量预测估算公式：

$$拆除废物量=拆除面积\times(0.8t/m^2(取值表)-0.3t/m^2(拾荒量))$$
$$=拆除面积\times 0.5t/m^2$$

5.3　建筑垃圾资源化生产工艺

建筑垃圾资源化处理厂的工艺与设备选择，应根据建设规模、建筑垃圾成分特点及本地区的经济、技术发展水平、资源化产品方案等条件合理确定，应满足适度提高机械化、自动化水平，保证安全、改善环境卫生和劳动条件，提高劳动生产率的要求，满足协调、平衡生产的要求。

固定式建筑垃圾资源化处理厂采取不同的工艺对建筑垃圾来料进行处理，包括原料的储存、临时堆场、再生骨料存储、资源化处理。

5.3.1　原料仓库

堆垛高度：按照《建筑垃圾处理技术规范》建筑垃圾堆放高度高于周围地坪不宜超过 3m。平均堆密度为 1.5t/m³。

考虑到进料车间为拆除类建筑垃圾进料堆放设计，建筑垃圾来料好坏分类堆放，单层堆场库房平面利用率：取 70%。有效面积：

$$W_e = \frac{n}{\rho h}$$

式中，W_e 为建筑垃圾堆放有效面积（m^2）；n 为日处理量（t/d）；ρ 为堆密度（t/m^3）；h 为堆放高度（m）。

堆场面积：

$$W_s = \frac{W_e}{\alpha}$$

式中，W_s 为堆场面积（m^2）；W_e 为建筑垃圾堆放有效面积（m^2）；α 为利用率（%）。

建筑废弃物堆场面积按不小于7天储存量考虑，考虑30%的回车卸料场地。

5.3.2 原料应急堆场

考虑建筑垃圾来料不规律性和一次拆迁建筑废弃物产生量过大情况，且需要考虑设备故障及冬季及淡季运行等因素，建筑垃圾一般需要设置应急堆场，利于调配资源。

堆垛高度：按照《建筑垃圾处理技术规范》建筑垃圾堆放高度高于周围地坪不宜超过3m。平均密度为1.5t/m³。

考虑到建筑废弃物分为拆除类建筑废弃物来料好坏情况，建筑废弃物应分类堆放，考虑到回车卸料场地和分类堆放的建筑废弃物进料交通流线，堆场利用率取80%。有效面积：

$$W_e = \frac{n}{\rho h}$$

式中，W_e 为建筑垃圾堆放有效面积（m^2）；n 为日处理量（t/d）；ρ 为堆密度（t/m^3）；h 为堆放高度（m）。

堆场面积：

$$W_s = \frac{W_e}{\alpha}$$

式中，W_s 为堆场面积（m^2）；W_e 为建筑垃圾堆放有效面积（m^2）；α 为利用率（%）。

建筑废弃物堆场面积按不小于30天储存量考虑。

5.3.3 再生骨料储存

建筑垃圾经过预处理后得到不同粒径的再生骨料，需要分别储存在不同的料库，有不同的形式，可以采用筒仓或骨料堆场的形式。

筒仓作为再生骨料的储存场所，有其优越性：

（1）占地面积较小，充分利用筒仓的空中高度，达到节约用地的目的。

（2）筒仓密封性好，有利于环境保护。

（3）自动化程度高，可以直接在筒仓下进行计量，减少前装机上料。缺点是投资较大，需要的带式输送机较多。

骨料堆场也是常用的再生骨料储存方式，它的优越性在于适应性强。由于后续建筑垃圾资源化加工产品的多样化，不同粒径再生骨料分粒径储存，可以考虑不同级配、不同质量中间骨料和天然骨料的存储及满足后续再加工的不同工艺选择。缺点是需要多辆前装机用于上料的操作，再生骨料堆存时产生的粉尘较大，由于存储空间较大，抑尘效果不好，一般采用喷雾抑尘的措施。

5.3.4 资源化处理技术

建筑垃圾处理技术采用“多级破碎—多级筛分”的主生产工艺，人工分拣、磁选、风选、水力浮选等作为辅助工艺。主要设备见本书第 3 章。

针对不同的建筑垃圾来料，根据处理难度的不同，分别采用不同的处理工艺。

5.3.4.1 简易处理线

对于来料比较单一，建筑垃圾中混凝土较多的物料，辅助的工序较少，建筑垃圾资源化利用工艺流程如图 5-1、图 5-2 所示。

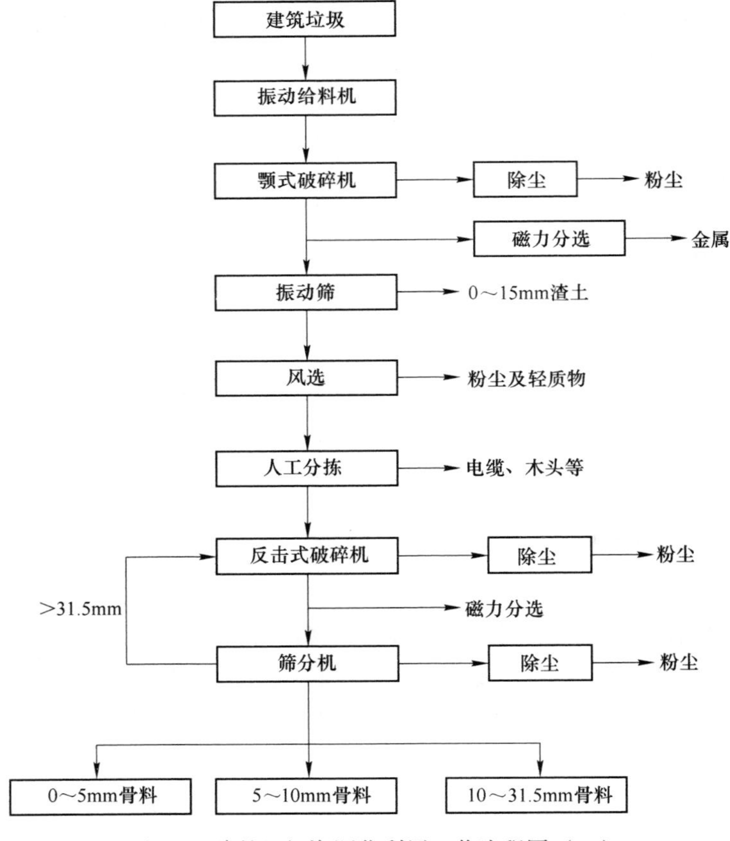

图 5-1 建筑垃圾资源化利用工艺流程图（一）

对于混凝土较多的建筑垃圾，其中多混杂一些钢筋、木材等，采用磁选、风选、人工分拣等辅助工艺对其进行处理。混凝土类建筑垃圾来料较为纯净，资源

化价值较高，针对此类建筑垃圾，后端增加整形破碎等工艺，分别产出0~5mm、5~10mm、10~31.5mm三种高品质骨料，可用于生产混凝土制品和低强度搅拌混凝土，实现最大化资源化价值。

5.3.4.2　综合处理线

对于建筑垃圾来料比较复杂，采用图5-2的综合工艺流程图。

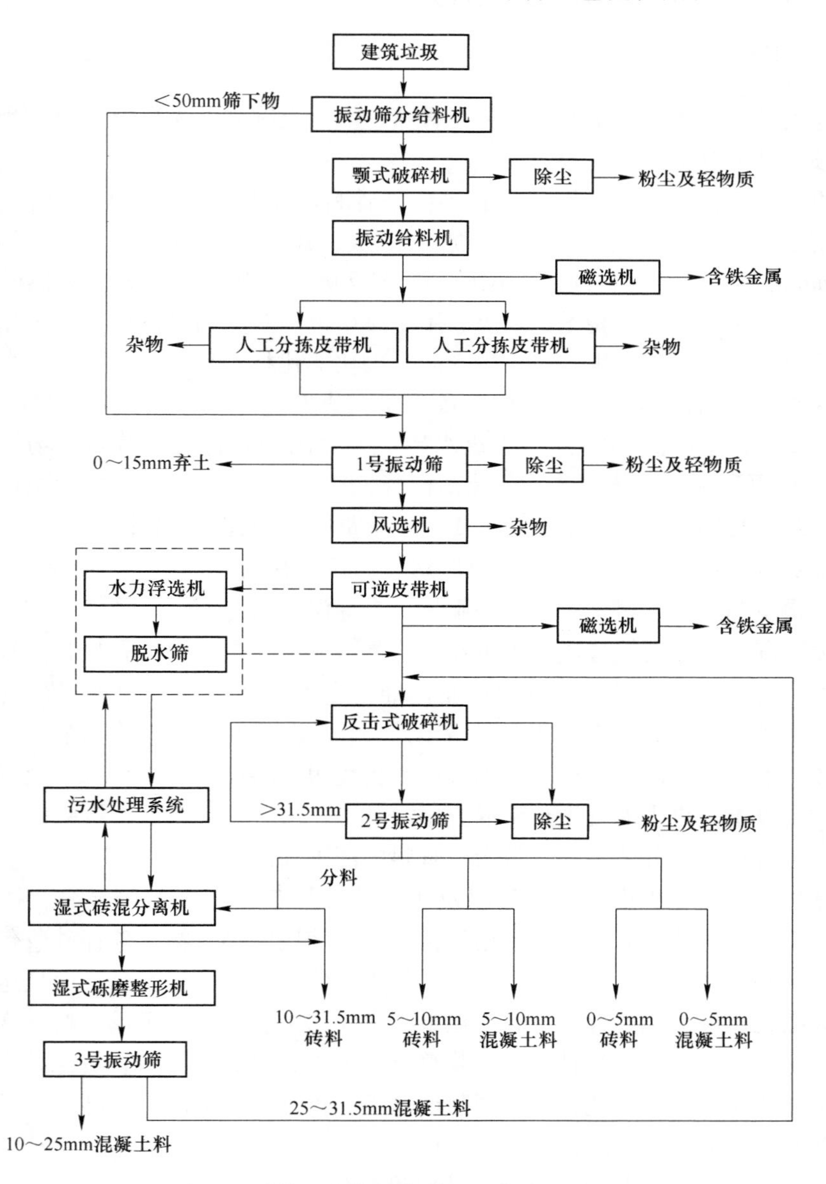

图5-2　建筑垃圾资源化利用工艺流程（二）

此工艺流程，可根据建筑垃圾来料情况进行调整，工艺流程比较复杂，可综合处理复杂的建筑垃圾原料。

可分为砖料、混凝土料、砖混凝土混合物三种情况进行处理。其中主要为砖料或混凝土料时，运行处理砖料或混凝土料的两段式处理线，处理线前端工艺设备相同，于可逆皮带处进入不同处理线进行后续处理；当来料砖混凝土混合物时，运行混凝土料处理线，其中砖混分离机可将其进行分离处理。

5.3.5 再生产品

建筑垃圾再生产品主要包括再生骨料、混凝土制品、无机混合料、预拌混凝土、预拌砂浆等。

再生骨料：分为再生粗骨料和再生细骨料。粗骨料是指由建（构）筑废物中的混凝土、砂浆、石、砖瓦等加工而成，用于配制混凝土的、粒径大于4.75mm的颗粒；细骨料则是指粒径小于4.75mm的颗粒。可替代天然砂石或机制砂，既可用于制作混凝土稳定层、用于城市道路基层和底基层，又可用于生产低标号再生混凝土、再生砂浆、再生砖、砌块等建材产品。

混凝土制品：其生产工艺和设备简单、成熟，产品性能稳定，市场需求量大。主要有以下产品：（1）再生透水砖：主要用于人行道、游园广场的路面铺装；（2）再生标砖、仿古砖、免装饰标砖：MU10以下主要用于非承重墙体的填充、砌筑和装饰和MU15以上的主要用于承重墙体的砌筑和装饰；（3）再生降噪砖、降噪砌块：能广泛应用于工业厂房、居民楼房等工程建设中；（4）再生护坡砖、再生挡土墙、再生小型空心砌块及自保温砌块等。

无机混合料：建筑垃圾骨料可作为路基填充料，当其中砖石块含量较多，其粉碎后的骨料，首先根据现行的行业标准《公路工程集料实验规程》的有关规定进行试验，当其性能满足相应公路设计的相关要求时，用于路基垫层。

预拌混凝土：混凝土用再生细骨料和再生粗骨料可用于生产C30及以下强度等级的混凝土。再生混凝土是将混凝土块破碎、清洗、分级后，按一定比例混合形成再生骨料，部分或全部代替天然骨料的配置新混凝土。

预拌砂浆：是指由水泥、砂以及所需的外加剂和掺合料等成分，按一定比例，经集中计量拌制后，通过专用设备运输、使用的拌合物。预拌砂浆包括预拌干混砂浆和预拌湿砂浆。由于再生骨料的价格低于天然砂浆产品，而且运输距离将大大缩短，砂浆强度等级不高，在单方水泥用量、外加剂用量上略有变化，但差别不是很大，由于再生骨料占砂浆总重量大于50%，可以符合资源综合利用政策规定减免所得税。因此，在相同强度等级的再生骨料生产预拌砂浆产品每吨产品利润空间远大于一般的预拌砂浆工厂。

根据《固定式建筑垃圾资源化处置设施建设导则》，应合理确定再生产品方

案，应在再生骨料、混凝土制品、无机混合料、预拌混凝土、预拌砂浆等再生产品系列中选择两种以上产品，按产品配备生产设备。

5.4 资源化处理厂运营及管理

由于建筑垃圾处理设备的投资巨大，所以处理站的建设投资也会相当巨大，从工艺流程上来看，建筑垃圾资源化处理站的两个主要组成部分就是建筑垃圾处理和再生建筑材料的生产。

根据双方出资情况的差异，政府和企业运营 PPP 模式下的资源化处理站可以分为三类：政府独资的服务合约模式、私人企业的独资、政府企业合资。

（1）政府独资的服务合约模式。服务合约是指将项目（如 PPP 项目）运营中的部分分包给私人企业，以此来最大程度地降低项目运营的成本或者在私营企业的管理过程中获得有用的特殊的技术和经验。

在政府独资的服务合约模式下，政府部门全权负责建筑垃圾资源化处理站的建设，并负责运营后扩大生产和技术改造的投资。私营企业按照和政府部门签订的合同负责建筑垃圾资源化处理站的运营。

（2）由私营企业独资的特许权合约模式。特许权合约是一种权利的授予，它将特许权的合同给予该合同的签订者，并要求其按时履行或完成在指定的地区内提供基础设施或其他项目的全部责任和权利。特许权合约包括：BOT、BOOT、TOT 等。

在私营企业独资的特许权合约模式下，融资是私营要做的，通过收费和销售再生建材产品来维持其运营所需费用以及回收投资，获得利润。然而此时政府的角色从服务者转变成了服务的管理者，负责制定投资规划和服务准则，选择企业进行合作并监管私营企业的履约行为。特许权期限一般在 10~30 年，具体的时间是根据设备的寿命期和私营企业收回投资成本所需的时间来确定。

（3）政府和企业合资股份制模式。合资模式是指政府和私营公司通过共同建立起一个新的公司，或者对已存在的公司通过股份制改造，使之所有权成为混合所有权，来按照市场方式运作。

表 5-4 列出了三种模式的优缺点。

表 5-4 建筑垃圾运营模式对照

模式	实施方法	缺　点	优　点
政府独资	政府新建建筑垃圾资源化处理站，将服务外包给私营企业来经营	服务合同的服务范围有限，利用私营企业资金程度低，不能最大程度地发挥私营企业的技术优势，并且政府承担全部风险	服务合同最具竞争力的合作方式。服务期限短，产权责任明晰，对私营企业的资金实力和融资能力要求比较低

续表 5-4

模式	实施方法	缺　点	优　点
私营企业独资	私营企业投资建设资源化处理站，政府和其签订协议，定期为其付款	具有长期性、复杂性和交易成本高的特点，准备阶段长且交易费用高，成功的机会较少。对政府的管理能力有较高的要求，同时对私方的融资和运营管理能力要求非常高，所以满足条件的企业较少	私方一定时期内完全拥有项目经营劝和所有权，提高效益的同时获得了收益，该模式具有很强的优势
政府和企业合资	政府和企业合资建设处理站，共享收益，共担风险	在此模式中，地方政府具有双重身份，导致其在维护公共权益和追求投资效益最大化两方面产生冲突。对于私营企业，容易受政府部门的干涉而降低其优势	将私营企业和政府部门的优势集于一体。在项目初期的合作中，相比于特许权合约大大降低了交易成本，双方能够更好的达到各自的目标

2017 年 7 月 1 日财政部、住房城乡建设部、农业部及环境保护部发布《关于政府参与的污水、垃圾处理项目全面实施 PPP 模式的通知（财建［2017］455 号)》。大力支持污水、垃圾处理领域全面实施 PPP 模式工作。

政府倡导垃圾处理项目采用 PPP 模式，有下列必要性：

（1）弥补财政资源不足。公共财政的不足是建筑垃圾处理产业陷入困境的直接原因之一。在中国，民营经济在数十年里积聚了雄厚的力量，然而民间资本参与到建筑垃圾处理产业等这些公共项目的建设中来，必然使民间资本变成中坚力量，从而缓解政府投资在建筑垃圾处理产业的压力，会更好的支持城市经济的发展。

（2）分担项目风险。原有的公用事业部门承揽项目时，风险全部由公用事业部门承担，而且非常缺乏对项目风险重视。PPP 模式的一个很重要的特点就是能够在各主体风险分担合适的情况下降低项目的总体风险。让公用事业部门和私人部门同时承担风险。这样，两者可以在多种形式的狭义 PPP 模式下选择最适合双方的模式来合作，使风险合理分配。风险分析最根本的原则就是将特定的风险分配给最适合控制和管理该风险的部门来承担。

（3）提高项目技术、管理水平。PPP 模式中私人部门的参与和公用事业部门一起带来了充足的资金，从而也带来了先进的管理经验和先进的技术。利益的最大化是所有私人部门所追求的，所以在项目的运营中私人部门极力推荐运用新技术或新工艺，与此同时，作为私人部门，它们更具有先进的管理方法，管理经验和管理理念，使建筑垃圾处理产业的技术管理水平能得到有效的提高，解决了单独由市场或单独由政府提供公共产品时出现的失灵问题。

（4）提高项目的资金使用效率。由于建筑垃圾处理产业投入时资金需求比较大，而传统的政府采购条款又受到限制，私人部门的参与后便使得在规划和建设中更加灵活。而且私人部门注重效率，没有政府部门人员冗余而带来的不必要

的管理费用的支出。因而降低了项目的成本，提高了资金使用效率。

在建筑垃圾资源化处理厂的运营阶段，收入来源见表5-5。

表5-5 建筑垃圾资源化处理站收入来源

收入来源	收 取 方 式
向用户收取建筑垃圾处理的管理费	对于测定单位垃圾的管理费用，需要政府、项目公司，各方面的专家共同参与，当然，可以先由建筑垃圾处理站先报方案，并提供理由，由政府和专家组成定价小组进行审核
建筑垃圾资源化处理站产品等综合收益	主要是指再生建材的销售收益

建筑垃圾资源化处理站的几个收入来源，第一个需要政府来指导并实施，第二个需要政府政策支持。

6 建筑垃圾填埋场

6.1 农村建筑垃圾填埋必要性

农村建筑垃圾建设填埋场是十分必要的，主要基于几个方面：

（1）是贯彻落实《国民经济和社会发展第十二个五年计划纲要》需要，是保持生态环境和经济可持续发展以及建设环境友好型社会的需要。不建设符合现行规范及标准的建筑垃圾卫生填埋场，不对目前填埋场的环境问题及安全隐患进行排除，可能引起农村周围环境的破坏、动植物的生存困难，生态遭到难以恢复的恶果。

（2）是贯彻落实《全国城镇环境卫生“十二五”规划》的需要，是符合国家关于城镇基础建设基本方针、政策的。

（3）是农村现代化建设的需要，随着我国农村社会和经济的发展，环境问题日益受到重视，不对现有环境问题进行处理，建造出符合现行规范和标准的建筑垃圾卫生填埋场，对农村的环境和形象造成不良影响，与新农村建设的步伐不相适应，严重阻碍了经济建设的持续稳定发展和环境友好型社会的建立，建设一座工艺先进、技术合理的建筑垃圾卫生填埋场是十分迫切、十分必要。

（4）是改善农村农民生活水平、提高居民生活质量的需要。现有的建筑垃圾处理达不到现行规范和标准的要求，造成污染严重、环境卫生状况较差、安全隐患多，不仅威胁到本地居民的身心健康和生存空间，也给当地的生态环境造成了危害。

（5）农村建筑垃圾填埋场的建设是现有环保规范和标准的需要。现阶段农村存在较多的环境问题和安全问题，因此在农村建设符合现行规范和标准的生活建筑垃圾卫生填埋场是十分必要的。

（6）是实现城乡总体规划目标的需要，建设符合现行规范和标准的建筑垃圾卫生填埋场，才能切实实践新农村建设。

（7）只有建设一座符合现行规范和标准的建筑垃圾卫生填埋场，才能为以后建筑垃圾中再生资源和可重复利用资源的有效回收利用打下比较坚实的基础，创造较好的社会效益和环境效益，为经济快速发展添砖加瓦。

综上所述，随着农村建筑垃圾的与日俱增，随着环境问题日益受到重视，环保规范和标准的提高，建设建筑垃圾填埋场有利于农村的可持续发展，因此建设农村建设垃圾填埋场工程是一项十分紧迫和必要的任务。

6.2 建筑垃圾填埋场选址原则

场址选择是填埋场设计的关键。选址应以对环境影响小、方便、经济为原则，并综合考虑城市地形、地貌和自然环境等特点来确定。

根据《生活垃圾垃圾卫生填埋处理技术规范》（GB 50869—2013）、《生活垃圾填埋污染控制标准》（GB 16889—2008）、《危险废物填埋污染控制标准》（GB 18598—2001）、《一般工业固体废物贮存、处置场污染控制标准》（GB 18599—2001）；及国家计委、建设部《建筑垃圾处理工程项目建设标准》有关规定，建筑垃圾可以按照建筑垃圾填埋场的场址原则进行选择，主要应符合下列规定：

（1）填埋场场址设置应符合当地城市建设总体规划要求，符合当地城市区域环境总体规划要求，符合当地城市环境卫生事业发展规划要求。

（2）对周围环境不应产生污染或对周围环境污染不超过国家有关法律、法规和现行标准允许的范围。

（3）填埋场应与当地的大气防护、水土资源保护、大自然保护及生态平衡要求相一致，填埋场宜选在地下水贫乏地区，应远离水源，尽量设在地下水流向的下游地区。

（4）填埋场对周围环境不应产生影响或对周围环境影响不超过国家相关现行标准的规定，位于夏季主导风下风向，距人畜居栖点 500m 以外。

（5）选择场址应由建设、规划、环保、设计、国土管理、地质勘察等部门有关人员参加。

（6）填埋场应具备相应的库容，填埋场使用年限应 10 年以上，特殊情况下，不应低于 8 年。

（7）交通方便、运距合理，附近的供水、供电方便。

（8）充分利用天然的洼地、沟壑、峡谷、废坑等或土地利用价值及征地、拆迁费用均较低的区域。

6.3 建筑垃圾填埋场工艺设计

6.3.1 建筑垃圾填埋场处理规模

首先得根据现实农村出现的建筑垃圾量，合理确定每天填埋的建筑垃圾量。

6.3.2 填埋场的入场要求

填埋场入场要求：进入本填埋场的填埋物应建筑垃圾，严禁原生垃圾进入填埋场。为了保证上述规定之外的物质不进入填埋场，应定期组织对入场填埋物进行抽样检查。

6.3.3 填埋场库容及使用年限计算

参考《建筑垃圾卫生填埋处理技术规范》，填埋场库容计算方法有方格网法，三角网法，等高线剖切法等，常用的填埋场选用等高线剖切法。

建筑垃圾填埋场的总库容通常是将设计的填埋堆体按不同高程，水平分成若干个切片，计算每个切片的体积，然后累加得到总的设计堆体体积，即为填埋库容。每个切片可视为台体，按以下计算公式加以计算：

$$V = \frac{1}{3}H(S_{上} + \sqrt{S_{上} S_{下}} + S_{下}) \tag{6-1}$$

式中 V——台体的体积，m^3；

H——台体的高度，m；

$S_{上}$——台体上表面面积，m^2；

$S_{下}$——台体下表面面积，m^2。

6.3.4 填埋场使用年限

根据现实情况。根据库容大小及每天建筑垃圾填埋量确定填埋场使用年限。

6.3.5 防渗系统

6.3.5.1 填埋场防渗简介

防渗工程的目的，就是采用天然的或人工的防渗层，切断库区内渗沥液向库外泄漏的通道，彻底杜绝渗沥液的外渗，同时防止地下水向填埋库区的渗入，确保填埋场安全可靠的运行，减少渗沥液产生量，避免造成二次污染。

对填埋场的地质勘察表明，场底土壤的防渗系数达不到国家规定的天然黏土类衬里的防渗要求，需要采用人工防渗措施。本填埋场不满足天然防渗要求，必须进行人工防渗。目前采用人工防渗措施的主要有垂直防渗与水平防渗两种。

对于特殊的地质构造，填埋场防渗处理一般要考虑采用水平防渗和垂直防渗两种方式相结合，但是根据填埋场的具体水文地质，也可以只采用一种防渗方式就可以满足防渗要求。

无论是垂直防渗系统还是水平防渗系统，都应同时具有下述三种功能：

（1）填埋场防渗系统应防止渗沥液向填埋库区外扩散，使其存于填埋库区内，再进入渗沥液收集系统，防止渗透流出填埋场外，造成土壤和地下水的污染。

（2）控制地下水，防止其形成过高的扬压力，防止地下水进入填埋场而增加渗沥液产生量。

（3）控制填埋场气体的迁移，使填埋场气体得到有控释放和收集，防止其

从侧向或向下迁移到填埋场外。

6.3.5.2 采用黏土材料防渗

早期的填埋场防渗系统是采用一定厚度的压实黏土来防渗，要求黏土厚度大于2m，其渗透系数要求小于10^{-7}cm/s。但是实践经验表明，这样的防渗系统不仅所需的材料费用较高，施工难度也很大，而且压实黏土渗透系数也常常不能满足要求。因此，这种防渗技术逐渐被淘汰。

6.3.5.3 采用高密度聚乙烯土工膜防渗

现在国内外的填埋场主要采用土工膜作为防渗材料。土工膜是由一种或几种柔性热塑性或热固性的聚合材料添加一些其他成分制成的，添加成分包括炭黑、色素、填充物、可塑剂、处理辅助物、交联化学物、抗降解成分和生物灭杀剂等。用于制造土工膜的聚合体包括很多性质不同的塑料和橡胶，根据化学稳定性不同、基本成分不同，聚合材料可以分为以下几类：

（1）热塑性聚合物，如聚氯乙烯（PVC）等。

（2）水晶热塑性聚合物，如高密度聚乙烯（HDPE）、超低密度聚乙烯（VLDPE）和线性低密度聚乙烯（LLDPE）等。

（3）热塑性橡胶，如氯化聚乙烯（CPE）和氯磺化聚乙烯（CSPE）等。

其中最常用的是高密度聚乙烯（HDPE）土工膜。HDPE 膜不仅渗透系数小，可以达到10^{-12}cm/s；而且具有优良的机械强度、耐热性、耐化学腐蚀性、抗环境应力开裂和良好的弹性，随着厚度的增加，其断裂点强度、屈服点强度、抗撕裂强度、抗穿刺强度逐渐增加。

6.3.5.4 衬层系统和衬层结构

衬层系统是场底和边坡防渗系统和渗沥液收集的统称。防渗系统和渗沥液收集系统都是由不同的材料层叠加在一起构成的，其层次结构称为衬层结构。

填埋场的衬层结构大体上可以分为单层防渗的衬层结构、双层防渗的衬层结构两类。

A 单层防渗的衬层结构

单层防渗的衬层结构主要由复合防渗层和排水层组成，其主流配置是：先在基础上铺设一定厚度的黏土防渗层，并紧接着铺设一层 HDPE 膜，形成复合防渗层，再在 HDPE 膜上铺设一层保护层，然后铺设一定厚度的卵石（或碎石）导流层，用于收集渗沥液，并在其中埋设有孔的排水管（也称为花管）。有必要时，还可在导流层上铺设反滤层，防止导流层被细小颗粒物堵塞。

复合防渗层是一个非常有效的水力屏障，当 HDPE 出现破损时，下面的压实黏土层依然能够起到防渗作用。我国规范要求黏土层的厚度应不小于 1m，HDPE 膜的厚度应不低于 1.5mm。黏土层的防渗系数应不超过 1×10^{-7}cm/s。

考虑到压实黏土的施工比较复杂，防渗性能的可靠性较弱，因此有些填埋场采用新型的土工材料来代替黏土防渗层，如采用膨润土垫（GCL）。GCL 是由纯膨润土被两层土工布包裹而制成的土工材料。膨润土具有遇水膨胀的特性，体积可膨胀十几倍，吸水后的 GCL 具有很低的渗透系数（可以达到 10^{-9}cm/s）。

由于 HDPE 膜容易破损，需要在其上铺设保护层，来克服 HDPE 膜抗穿刺性能差的缺点。通常是铺设无纺土工布，土工布的规格用单位面积的重量来衡量，一般采用是 600～1000g/m^2 的土工布可满足要求。选用何种规格的保护材料，不仅要考虑保护性能，还应考虑经济方面的因素。这层土工布除了保护 HDPE 膜，还兼有一定的排水作用。

导流层是为导排场底的渗沥液而设置的，应有一定的坡度，将渗沥液汇集到低洼的盲沟内，盲沟内设置花管，将渗沥液输送到场外。导流层的纵横坡度和盲沟的布置应结合填埋场分区和场地整治进行设计。导流层的厚度为 30cm，导流层的颗粒材料通常采用粒径为 20～40mm 的卵石（或碎石）。为减小对 HDPE 膜的穿刺力，通常优先考虑使用卵石，在没有卵石的情况下可考虑使用碎石。

许多填埋场是直接在导流层上填埋垃圾的，但是填埋场的实际运行经验表明，导流层容易被渗沥液中的颗粒物堵塞，影响渗沥液的导排效果。因此，有时需要设立反滤层。可采用级配的颗粒物形成反滤层或采用薄的织质土工布（200g/m^2）作为反滤材料。

B　*双层防渗的衬层结构*

在防渗要求较高的填埋场中可以采用双层防渗的衬层结构，该种衬层结构是在单层防渗衬层结构之下增加了第二层排水层和第二层防渗层。

采用双层防渗的衬层结构，通常要在二层衬层之间设置渗沥液渗漏监测设施。在垃圾填埋到一定高度后，其上的操作作业对防渗层的影响很小，不会造成新的破损。因此，在填埋初期发现第一层防渗层出现渗漏时，会被监测设施测出，这时可以将填埋的垃圾挖开，对防渗层进行修补，防止其继续渗漏。

护层较难在边坡上固定，因此，边坡上的衬层结构与场底略有差别。此外，为防止填埋作业机械作业时，对边坡的衬层材料产生破坏，应对边坡采取一定的保护措施。目前常用的办法是使用袋装砂土。

6.3.6　地下水导排系统

一般地，填埋场应设计地下水导排系统，主要起以下三方面的作用：

（1）施工期间，降低地下水位，便于防渗材料的铺设。

（2）填埋运行期间，降低地下水位，减小地下水对防渗材料的上托力。

（3）填埋运行期间及封场以后，取样监测填埋区的地下水是否被污染。

6.3.7 地表水导排工程

为了把渗沥液水量降到最小限度，填埋场必须设置独立的地表水导排系统，在填埋的过程中，应该分区填埋，设置临时的截洪沟、排水沟，把降到非填埋区的雨水向填埋区外排放，填埋完毕后，进行最终覆土，将表面径流迅速集中排放，减少渗透量，并设置永久性的截洪沟，达到减少垃圾渗沥液流量的目的。

填埋场场区雨水则根据地形、地貌，通过环场截洪沟就近排出场外。在垃圾填埋过程中或填埋终场以后，截洪沟能拦截汇水流域坡面及填埋堆体坡面降雨的表面径流。

填埋场防洪标准按50年一遇洪水设计，按100年一遇洪水校核。

6.3.8 场地整治

填埋库区内的场地应进行必要的处理，以为其上的防渗衬层提供良好的基础构建面，并为垃圾堆体提供足够的承载力。

场地整治时应该：

（1）清除所有植被即表层耕植土。

（2）确保所有软土、有机土和其他所有可能降低防渗性能的异物被去除。

（3）确保所有的裂缝和坑洞被堵塞。

（4）配合场底渗沥液收集系统的布设，形成一定的排水坡度。

（5）需要挖除腐殖土、淤泥等软土，回填土方并应按有关规定分层回填夯实。

最终形成的基础构建面应该达到下列要求：

（1）平整、坚实、无裂缝、无松土。

（2）基地表面无积水、树根及其他任何有害的杂物。

（3）坡面稳定，过渡平缓。

6.3.9 渗沥液收集系统

建筑垃圾填埋场的渗沥液收集系统由渗沥液导流层及其反滤层、渗沥液收集盲沟、渗沥液收集管路组成。每个填埋分区内渗到场底的渗沥液先通过渗沥液导流层横向汇集到盲沟内，盲沟内设纵向渗沥液导排花管，将渗沥液排到预埋渗沥液输送管内（实管），然后通过渗沥液输送管输送到提升泵井后泵至厂区的污水处理系统中。

渗沥液导流层通过设计合适的坡度来控制导流层内的渗沥液水头。反滤层用于防止导流层的堵塞。通过合理的横向排水坡度来控制渗沥液水头，通常横向排水坡度不小于2%。

填埋区域渗沥液产生量采用以下经验公式：

$$Q = I \times (C_1 A_1 + C_2 A_2 + C_3 A_3) \times \frac{10^{-3}}{365} + W \tag{6-2}$$

式中 Q——渗沥液平均日产生量，m^3/d；

I——平均降雨量；

A_1——正在填埋的填埋区汇水面积，m^2；

A_2——中间覆盖填埋区汇水面积，m^2；

A_3——终场覆盖填埋区汇水面积，m^2；

C_1——正在填埋的填埋区降雨入渗系数，宜取0.4~1.0；

C_2——中间覆盖的填埋区降雨入渗系数，宜取$0.2C_1$~$0.3C_1$；

C_3——终场覆盖的填埋区降雨入渗系数，宜取0.1~0.2；

W——垃圾本身产生的渗沥液量，m^3。

填埋区内的纵向渗沥液收集管埋设在盲沟内，管道外用较大粒径的卵石（粒径通常为40~60mm）包裹，以增加导流能力。

6.3.10 填埋场导气系统

建筑垃圾填埋的物料大部分为稳定的固化块，正常情况下不会产生气体，但由于建筑废物组成成分的复杂性，有可能会产生部分气体，故设置填埋气体导排系统。

填埋气体最终处理方式：农村建筑垃圾填埋库区的填埋容积较小、填埋气体产生量较小，而填埋气体净化设备投资较大，进行气体综合利用价值不高。因此，建筑垃圾填埋场排出的气体按照无组织排放的规定执行。

6.3.11 填埋运营作业

6.3.11.1 填埋工艺流程

填埋物由运输车辆运至填埋场，经计量后进入填埋区作业面，按作业顺序进行倾倒、摊铺、压实、洒药和覆盖。

A 填埋工艺要求

填埋作业过程包括场地准备、填埋物的运输、倾卸、摊铺、压实和覆盖。进场炉渣飞灰按单元、分层进行卫生填埋。每天或几天建筑垃圾作为一个作业单元。作业单元和作业面的大小应按设计及现场填埋机具的配备、填埋物量、运输车辆的多少等实际条件而定。

建筑垃圾摊铺必须分层进行，为保护场底防渗系统首层填埋物不压实作业，第

二层以上填埋物每层厚度0.3~0.4m，铺匀后用压实机或装载机压实3~5次，压实密度不小于1.4t/m³。按此程序摊铺3~4层，使压实后的非固化填埋物总层厚达到2.2~2.3m左右，在每日填埋作业结束时进行每日覆盖，采用0.5mm的HDPE膜。

建筑垃圾用叉车对物料进行规则的码放。在填埋过程中注意不同级配的废物混合填埋，以减少填埋体积，增加填埋量。

在形成的堆体上修筑临时道路和临时卸车平台，以便向前、向左或向右开展新单元的填埋作业。以此方式完成一个单元层的填埋作业，然后再进行上面单元层的填埋作业。一般情况下，单元层坡面的坡度以1：3~1：6为宜。在整个填埋过程中应该随时保持卫生填埋场具有卫生、整洁的面貌。

在雨天尽量不进行废物的填埋作业，如果必须进行填埋作业时，需要采取防雨措施后再填埋施工。雨天的填埋主要以人工码放为主。

B 压实作业

压实作业是卫生填埋操作中的重要环节。非固化填埋物压实能够减少沉降，有利于堆体稳定；能够减少空隙和空穴的形成，从而减少虫害和蚊蝇的滋生；减少非固化填埋物产生的扬尘和轻物质飞散；能够有效延长填埋场使用年限。

在填埋场压实作业过程中，影响压实的因素很多，主要有以下几个方面：

（1）堆体层的厚度：层厚是最为关键的因素。为了获得最佳的压实密度，建筑垃圾层厚一般以0.3~0.4m左右为宜，单元层层厚以5m为宜。

（2）碾压次数：压实机械的碾压次数也影响压实密度，一般碾压3~5次能达到较好的效果，超过5次，从成本-效应分析角度来看是不合算的。

（3）单元层的坡度：坡度应保持小一点，一般1：3~1：6的坡度能使履带式压实机达到很好的压实效果。

建筑垃圾的填埋流程应根据建筑垃圾的性质，参照建筑垃圾的填埋的操作流程进行制定。

C 覆盖作业

填埋场的覆盖有三种：日覆盖、中间覆盖和最终覆盖。

日覆盖是指每天填埋工作结束后，应对填埋物压实表面进行临时覆盖。每日覆盖可以最大限度地减少填埋物暴露，减少填埋物的飞扬，减少火灾风险以及改善道路交通和填埋场景观。中间覆盖是在卫生填埋场在完成一个区域较长时间段内不填埋填埋物的情况下，为减少渗沥液的产生而采取的措施。建议采用0.5mm的HDPE膜代替黏土作为临时覆盖材料，节约填埋库容。

封场区域要进行最终覆盖。最终覆盖的厚度一般不小于60cm。厚度、覆盖料和压实厚度都必须遵守设计和作业计划。

6.3.11.2 机械配备

危废填埋是专业性很强的作业过程，除采用通用机械完成挖土、运土、铺土、推土、碾压和夯实等一般性土方工程作业外，还需根据危废的组成、强度及外形等特性，以及危废填埋场处理规模等因素，选用一些专用机械、机具。

摊平和碾压设备可以提高填埋物在填埋过程中的压实程度，从而达到节省库容，延长填埋场使用寿命，减少填埋场不均匀沉降，最大限度地发挥投资效益的目的。目前国内垃圾填埋场使用的碾压设备有：推土机、压实机等。

6.3.12 填埋场封场

根据《废物填埋污染控制标准》（GB 18598—2001）的要求，填埋场封场必须构筑封场覆盖系统。封场覆盖系统结构由填埋堆体表面至顶部表面依次分为：排气层、防渗层、排水层、植被层。

6.3.12.1 排气层

该层在最终覆盖系统中的作用是提供一个稳定的工作面和支撑面，使得防渗层可以在其上面进行铺设，并收集填埋场内产生的填埋气体。在某些填埋场覆盖系统中，单独的气体收集层也可以作为基础层，但是，其他填埋场则可能将基础层和气体收集层分开来铺设。

基础层采用的材料通常是受到污染的土壤、灰渣和其他具有合适的工程属性的垃圾。气体收集层可以是含有土壤或土工布滤层的砂石或沙砾、土工布排水结构以及包含土工布排水滤层的土工网排水结构。

6.3.12.2 防渗层

防渗层通常被视为最终覆盖系统中最重要的组成部分。其直接的作用是阻碍水分渗过覆盖系统，间接作用是提高其上面各层的贮水和排水能力，以及通过径流、蒸腾或内部倒排最重使水分得以去除。防渗层还控制着填埋气体向上的迁移。一般来说，压实的黏土层、可折叠土工薄膜和土工复合黏土衬垫都可用作填埋场封场工程的防渗层。三种防渗材料比较见表6-1。

表6-1 三种防渗材料比较一览表

项目	压实黏土	HDPE 土工膜	膨润土垫
优点	成本低（如能就近解决土源的话）；施工难度小；可参考经验多；不易穿透	防渗性能好，渗透率大大低于黏土；材质薄，节省填埋空间；抗拉伸性能与合成材料有关，但比黏土好，对填埋场不均匀沉降的敏感性远小于黏土	渗透系数比黏土低，但一般比土工膜高；抗拉伸能力强；体积小，节省填埋空间； 发生损坏后可以迅速修复

续表 6-1

项目	压实黏土	HDPE 土工膜	膨润土垫
缺点	渗透系数偏大，防渗性能较差； 需要土方多，施工量大，施工速度慢； 施工要求高； 容易干燥、冻融收缩产生裂缝，封场完成后裂缝难修复； 抗拉性能较差，对填埋场的不均匀沉降性能要求较高	容易被尖锐的石子穿透，但可通过增加保护层解决； 聚合物本身存在老化问题，并可能受到化学物质、微生物的冲击	膨润土吸湿膨胀后，抗剪切性能变差，斜坡稳定安全性成了问题； 容易被尖锐的石子或植被根系穿透； 甲烷气体可以透过防渗层，对植被根系造成危害
应用	使用历史悠久	过去十几年逐渐被许多填埋场封场采用	近 10 年逐渐被人们接受，在部分填埋场封场中有采用

6.3.12.3　排水层

排水层的作用是采用渗透性高的材料排除入渗的雨水和融雪水。最终覆盖系统中排水层的主要功能有：

(1) 降低其下面防渗层的水头，从而使渗过覆盖系统的水分最小化。

(2) 排掉其上面植被层的水分，从而提高这层的贮水能力，并减少植被层被水分饱和的时间，使植被层的侵蚀最小化。

(3) 降低覆盖材料中孔隙水的压力，从而提高边坡稳定性。

现代封场工程中排水层使用的材料有砂石头和复合排水土工网两种类型，其示意图见下图。排水层的材料对比见表 6-2。

表 6-2　排水层材料比较表

项目	砂砾石排水层	土　工　网
优点	成本低；施工难度小；可参考经验多；不宜堵塞	排水性能好；材质薄，节省空间；边坡处施工比较方便
缺点	需要沙砾石多，施工量大，施工速度慢；边坡施工比较难	聚合物本身存在老化问题，并可能受到化学物质、微生物的冲击；施工要求高
应用	使用历史悠久	过去十几年逐渐被许多填埋场封场采用

最近几年的封场工程，常将土工织物和土工网或土工复合材料置于土工膜和保护层之间以增加侧向排水能力。

6.3.12.4　植被层

植被层一般包括营养植被层和覆盖支持土层。典型的填埋场封顶系统如图 6-1 所示。

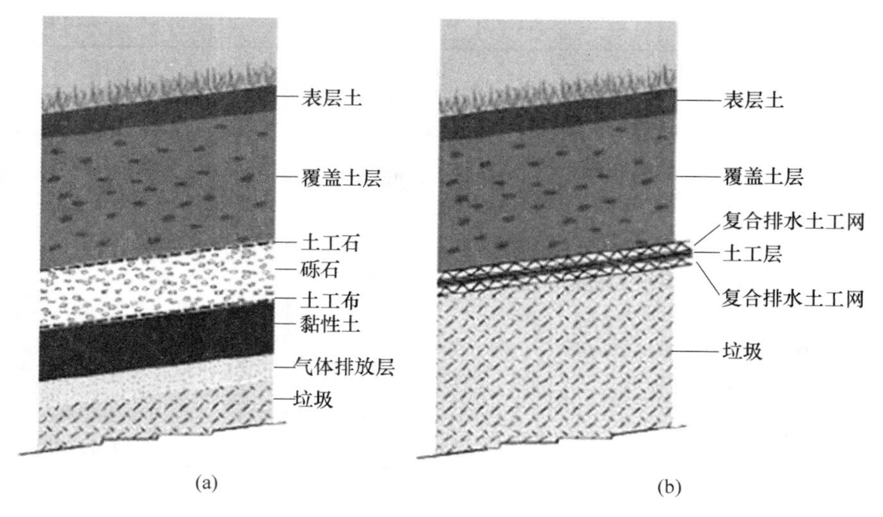

图 6-1　典型的填埋场封顶系统

（a）典型的填埋场封顶系统-传统设计；（b）典型的填埋场封顶系统-土工合成材料应用设计

覆盖支持土层最常使用的材料是土壤、循环再生或再利用的垃圾以及带有土工布渗滤层的卵石。

营养植被层的作用是促进植被生长，为植被生长提供支撑和养分，从而保护防渗层。通常由当地的土壤组成，一般厚度为 150~600mm。营养植被层采用的材料包括地表土、地表土之下的侵蚀控制材料、卵石和铺路材料等。

植被土层通常采用不小于 30cm 厚的土料组成，它能维持天然植被和保护封场覆盖系统不受风、霜、雨、雪和动物的侵害，虽然通常无需压实，但为避免填筑过松，土料要用施工机械至少压两遍。

为了防止完工后的覆盖系统表面有积水，覆盖系统表面的梯级边界应能有效防止由于不均匀沉降产生的局部坑洼有所发展。对采用的表土应进行饱和容重、颗粒级配以及透水性等土工试验，颗粒级配主要用以设计表土和排水层之间的反滤层。

封场绿化可采用草皮和具有一定经济价值的灌木，不得使用根系穿透力强的树种，应根据所种植的植被类型的不同而决定最终覆土层的厚度和土壤的改良。根据规范要求：土层厚度的选择应根据当地土壤条件、气候降水条件、植物生长状况进行合理选择。营养植被层厚度大于 150mm，应压实，土质材料应利于植被生长。覆盖支持土层由压实土层构成，渗透系数应大于 1×10^{-4}cm/s，厚度大于 450mm。

6.3.13　封场结构方案

结合规范和近些年我国封场的实际情况，并从农村建筑垃圾可能出现的实际情况出发，填埋场最终覆盖的目的是减少水渗进填埋场，并对填埋场进行封闭。

农村建筑垃圾填埋场可采用压实黏土层进行封顶，压实黏土层的厚度不应小于60cm，其水力渗透系数应小于 1.0×10^{-7}cm/s。

填埋终场生态恢复工程：填埋终场生态恢复目标是将垃圾处理场建设成为生态填埋场。在达到卫生填埋要求的基础上，根据当时的自然环境，选择适宜生长的植物种类，在外围营造隔离林带，最大限度地减少或者避免建筑垃圾填埋对周围环境的不良影响，改善填埋场的环境质量，改良填埋后的土地性状。填埋场稳定后通过滚动开发，尽快实现填埋后的土地再利用，使最终填埋场及周围地区的生态环境得以改善。

6.4 建筑垃圾填埋场辅助工程设计

6.4.1 总平面布置

总平面布置原则：

（1）执行国家有关环境保护的政策，符合国家的有关法规、规范及标准。

（2）满足生产工艺要求，人流、物流顺畅。管线布置便捷、合理。

（3）在满足工艺流程要求、运行方便条件下，尽量节省土地，减少工程建设投资。

（4）严格执行国家现行防火、卫生、安全等技术规范，确保生产安全。

（5）和原有处理设施合理衔接，避免浪费。

6.4.2 道路

单行车按照3.5m路宽进行设计建设，双厂区车行道道路均设计路面设计宽8m，分别设置接口与规划道路接顺，以保证运输和维修的正常运行。在车行道路未到达的建构筑物前设置1.0m宽人行铺砌道路相互沟通联系。

6.4.3 绿化

绿化是美化环境、净化空气、改善生产条件的主要措施，所以在厂区道路两边、建筑物周围空地种植乔灌木，使工厂处在一个舒适、优美的环境中。

6.4.4 建筑

6.4.4.1 配套建筑设计的原则

配套建筑设计的原则：

（1）总体布局要求功能分区明确，并预留后期发展可能。

（2）设计方面做到技术先进、经济合理，体现现代化建筑综合设施的特点。

（3）空气循环：利用自然通风、采光、遮阳和立体园艺使人充分接近自然，调节微气候。

（4）坡屋顶隔热；屋面挤塑聚苯板保温。结合地区气候特点，考虑建筑物朝向、体型系数、维护材料、颜色，创造舒适的室内环境质量。

（5）利用地方材料，可循环利用的材料。

（6）减少建筑物使用过程中的废物排放，利用生态环境的自然分解。

（7）节约土地，集约化使用土地。

6.4.4.2 消防设计

厂区内配套的建筑物均按耐火等级二级考虑。

6.4.4.3 噪声控制

主要工作和生活场所避开强声源，并采取吸声、隔声措施。

6.4.4.4 建筑采光

室内首先考虑天然采光，并对人工照明配合。检修场地重点采光。

6.4.4.5 卫生设施

人员集中区域卫生间服务半径50m。

6.4.5 结构工程

6.4.5.1 建筑物混凝土

混凝土强度等级：混凝土强度等级C30，地下部分需采用防水混凝土，其抗渗标号S8。

混凝土耐久性分类：地上部分为一类环境；其余与土壤直接接触的构件处于二b类环境。

结构特殊措施：污水处理构筑物（池）做防腐处理。

6.4.5.2 建构筑物钢材

钢筋：HPB235、HRB335；

钢板：Q235B。

6.4.5.3 建构筑物砌块及砂浆

填充墙材料结合当地产品而定；砌块强度不小于MU10，混合砂浆强度不小于M7.5。

6.4.6 给水与排水工程

6.4.6.1 给水

工程用水主要为填埋作业过程中的降尘用水以及绿化用水，水源取自本工程给水系统（在进场道路设计考虑）。根据建筑填埋场特性，主要采用洒水车喷洒方式进行绿化降尘。

6.4.6.2 排水

建筑垃圾填埋场场区道路浇洒用水及雨水除蒸发外，其余排入场区道路边沟，最终同农村地区的已建排水系统顺接。

6.4.6.3 生活污水处理

废水经格栅拦截去除水中废渣、纸屑、纤维等固体悬浮物，进入调节池，在调节池内均质、均量后经泵提升至 A 级生物池，在 A 级生物池段异养菌将污水中可溶性有机物水解为有机酸，使大分子有机物分解为小分子有机物，不溶性的有机物转化成可溶性有机物，将蛋白质、脂肪等污染物进行氨化。在 O 级生物池段存在好氧微生物及消化菌，其中好氧微生物将有机物分解成 CO_2 和 H_2O；在充足供氧条件下，硝化菌的硝化作用将 NH_3-N 氧化为 NO_3^-，通过回流控制返回至 A 级生物池，在缺氧条件下，异氧菌的反硝化作用将 NO_3^- 还原为分子态氮，接触氧化池出水自流进入沉淀池进行沉淀，沉淀池出水进入过消毒池进行二氧化氯消毒，消毒出水达标排放。

6.4.7 消防工程

消防系统设计必须贯彻执行国家有关方针政策、规范、规定。消防工作应遵循“预防为主，防消结合”的方针，按填埋场各场所发生火灾的性质和特点选择不同的消防措施，防止火灾危害。

消防措施主要方案如下：

（1）在卫生填埋区四周设置防火隔离带。

（2）在卫生填埋区内配备一定数量的消防用砂土，以备应急。

（3）填埋作业区严禁吸烟或有烟火。

（4）填埋作业区作业的车辆及其他作业机械均配置干粉灭火器。

6.4.8 电气工程

建筑垃圾填埋场设计范围为管理区和填埋区的变配电、控制、照明、防雷与接地的设计。

6.5 填埋场运营管理

6.5.1 填埋作业管理

填埋过程中产生的污染问题进行治理。

6.5.1.1 灰尘漂浮物的控制

飞尘及漂浮物的主要来源为填埋区的废纸、粉尘、塑料等能被风吹起的轻物质。考虑以下方式对飞尘及漂浮物进行控制：

（1）场区内所有的垃圾运输车辆均采用密封车。

（2）配备清洁车辆，对场内道路采取定时保洁措施。

（3）填埋场内作业表面进行及时覆盖。

（4）临时封场和终场都要进行及时覆盖。

（5）种植绿化隔离带，控制飞尘扩散。

（6）遇到强风时候，尽管此时还正在进行填埋作业，但是应该只保留一块作业面积，其他的裸露部分应用覆盖材料进行临时覆盖。

（7）在运行期间，设置环库区围网，高 1.8m，运行期间对填埋区常年主导下风向，设置可移动式防飞散网，防飞散网高度为 6m。

6.5.1.2 污水处理措施

污水处理措施为：

（1）填埋场防渗。为了防止填埋区渗沥液污染地下水，采用翻身系统，并设置地下水导排系统。

（2）填埋场渗沥液处理。填埋场内产生渗沥液由场内的导排系统收集排至调节池内，再利用渗沥液提升系统将渗沥液提升渗沥液处理站，处理达标后排往城市污水管网。

6.5.1.3 噪声控制

尽量选用低噪声的作业设备。同时，防护林带也具有吸尘降噪的作用。

A 环境监测管理

垃圾处理设施运行管理涉及很多方面，环境监测是运行管理的重要环节之一。它是处理场规范化运行管理的重要标志。环境监测是垃圾处理设施运行状况的评价等级，环境监测内容涉及到大气、地下水、污水、渗沥液、噪声、沼气等所有环境因子及各项污染物，可全面反映环境状况。建筑垃圾处理设施环境监测项目必须按照标准要求定期分次进行。

B 场区本底环境监测

在建筑垃圾填埋场投入运行之前，应由环保部门和卫生防疫站对各项环境、

菌群指标以及地下水、地表水作本底监测并存入档案。

6.5.2 运行期间环境监测

6.5.2.1 场区周围地面水监测

监测点：主要在每年降雨季节对从填埋场区域流出的地表水进行监测。

监测项目：pH 值、SS、DO、BOD_5、COD_{Cr}、NH_3-N、NO_2-N、NO_3-N、Cl^-、TP 等。

6.5.2.2 地下水监测

监测点：地下水监测采样点的布设为三类五点；本底井即场外监测井（本底井）一点；填埋场旁侧对照井（污染扩散井）两点；作业区监测井（污染监视井）两点。

监测项目：pH 值、总硬度、氯化物、COD、氨氮、挥发酚、氰化物、大肠杆菌共 13 项、同时监测水位。

6.5.2.3 场区大气监测

监测点：场区上风向布 1 点，场区下风向布 1 点；场区内布设三点。

监测项目：TSP、臭气强度、氨、硫化氢、甲硫醇等。

6.5.2.4 土壤监测

监测点：包括浅层布点和深层布点。

浅层布点：在填埋场区地表 15~20cm 处布采样点数个。深层布点：按填埋深度每 2m 深取 1 个混合样为 1 点依据深浅的不同确定采样点数。

监测项目：与本底值作对照实验。

6.5.2.5 填埋场产气监测

监测点：以导气系统的向外排气口为采样点。

监测项目：CH_4、CO_2、CO、N_2、O_2、H_2、H_2S 等。

6.5.2.6 渗沥液渗漏监测

监测点：渗沥液采样点设在各监测井内

监测项目：pH 值、溶解性固体或电导率、COD_{Cr}、BOD_5、NH_3-N、总 Cr。

6.5.2.7 噪声监测

按《工业企业厂界噪声标准及其测量方法》（GB 12348~12349—1990）规定执行。

7 总结与建议

目前，新农村建设中建筑垃圾面临的问题主要为：（1）处理方式单一，农村交通道路及耕地受到威胁。（2）受纳量大，来源以城市建筑垃圾为主。（3）资源化处理率很低，但新农村建设急需大量建筑资源。

这样的问题会造成多方面的农村环境污染，比如污染空气质量和农村水资源，危害村民健康；降低土壤质量及土壤结构，影响农作物质量；侵占道路和农村公共用地，影响乡村美观；堆放随意，存在安全隐患；建筑垃圾无法作为地基使用，农村建筑修建可用地减少。

因此，新农村要建设必须解决垃圾污染和资源供应之间的问题，建筑垃圾给农村带来极其严重的污染，造成资源浪费，而新农村建设资源却短缺。建筑垃圾的再生循环利用是解决这两个矛盾问题的最佳办法，而建筑垃圾的再生利用是一项艰苦的、复杂的系统工程。在现阶段，政府的主导作用仍是重中之重，需要在技术、政策、法制、管理等层面给予强有力的支持及引导。因此，政府能否有效运用法律、政策、行政手段为建筑垃圾处理和利用事业开路，是解决新农村建设中建筑垃圾污染及资源紧缺问题的关键。

另外，新农村建设建筑垃圾资源化处理需要同时考虑经济性、兼容性和可行性三方面的问题，可采用在新农村建设点比较集中的地区或者中心地带建立小型资源化工厂，尽量简化工艺流程，尽量利用成本较低、用途普遍的设备，对含杂质较少、比较集中的废弃混凝土进行破碎、筛分，将得到的较小粒径的骨料留着备用，其余的则运往较大的处理中心做进一步集中处理。这样既可以降低基础投入和运输费用，又可以实现建筑垃圾的初步再利用。同时考虑到各建设点情况不同，应因地制宜，设计符合当地特色的建筑垃圾资源化流程，并实施全过程管理，才是新农村建设建筑垃圾资源化的可行之路。

对此，本书就现阶段我国新农村建设过程中建筑垃圾的管理提出了以下建议：

（1）建筑垃圾源头分类管理。建筑垃圾的回收利用价值在某种程度上取决于建筑垃圾的源头分类工作的成功。许多成分经简单分拣和处理后，仍然可以回收利用。如建筑垃圾中的钢筋、玻璃、塑料等可以回收循环利用，如：法国研制成功的膨体玻璃砖的主要原料是碎玻璃，加工时把碎玻璃碾成粉末，加入一种发泡剂，放在炉中加热溶化。碎玻璃在熔化后会像面团一样膨胀起来、把它切成砖

块，不仅质量轻，而且隔热性能好；碎木材可制纤维板或焚烧发电；而许多砖块及混凝土块经简单破碎处理仍然可以成为砌墙、铺路、修整地平的建筑材料。可见建筑垃圾源头分类可以大大提高它的利用潜力和增加它的利用空间。我国一些地区有专业的拆房公司，可将有用的材料分类收集利用，这项很有潜力的行业。

建议政府采取一些措施，如制定相应的法规，促使建筑商进行垃圾分类；给予优惠奖励政策，鼓励建筑商开展这方面的工作或鼓励专业从事拆房分类的企业出现等。也可以将建筑垃圾的处理方案作为建筑工程招投标中的一项参考内容，从而加快建筑垃圾分类堆放、充分回收利用、节约资源消耗、保护环境的建设步伐。

（2）加强建筑废物回收利用和处置过程中的科学研究，建立健全的技术标准和使用规范。与地球上的其他矿物一样，作为主要建筑材料的水泥、混凝土等的原材料均属不可再生资源，存在日益短缺的问题，因而建筑废弃物的循环再利用就显得更加重要和有意义。然而如何合理有效利用，则是首先需要深入研究的问题，因为建筑废弃物与原材料之间毕竟存在一定的结构、强度、力学等方面的差异。因此建议政府投入一定的科研资金，扶持科研机构或开发商加强该领域的科学研究和项目开发工作，制定出相应的技术标准和操作使用规范，以保证建筑废物循环利用的安全性、可靠性、广泛性和合理性。

建筑垃圾中也包含一定量的有毒、有害成分，这一点往往被人们忽略，如建筑垃圾中的涂料、化合溶剂、化学黏合剂等，均为毒性很强的有机化学合成物质，其对环境的危害不可低估。对处理过程中如何避免二次污染，有害成分对环境的危害程度及与周围物质的作用过程等，均应进行相应的机理研究，以便进行安全处置，将环境危害降到最低。

（3）有计划地开展“建筑垃圾资源化”工作。将科研成果转化为生产力，需要一定的人力、物力和财力。目前一些发达国家已将垃圾资源化作为垃圾处理发展的重点，相关的新技术新工艺不断涌现，资源化在垃圾处理所占比例也不断增加。垃圾能源化，变废为宝，正成为发展潮流。因此，政府应有计划地开展“建筑垃圾资源化”工作，在政策和资金上对回收利用事业给予适当扶持，将因减量化而带来的处理费用的节支回用于再生利用项目，建立相应的建筑垃圾处理及配套设施，比如建筑垃圾资源化处理厂，建筑垃圾填埋场，建筑垃转运调配厂等。同时还可适当向建筑单位、建筑商、用户等收取建筑垃圾再生利用费，这样既可募集发展再生利用资金，还可促使减少建筑垃圾的产生。

因为垃圾处理是无利或微利的经济活动，所以政府要建立政策支持鼓励体系：

1）对从事垃圾处理的投资和产业活动免除一切税项，以增强垃圾处理企业的自我生存能力。

2）政府对投资经营垃圾处理达到一定规模、运行良好的企业给予一定的经济奖励，把政府的直接投资行为变成鼓励行为。

3）政府对从事垃圾处理投资经营活动的企业给予贷款贴息的优惠，鼓励金融机构向垃圾处理活动注入资金。

4）垃圾处理基础设施建设与经营可采取独资、合资、股份制合作、政府合股等形式，鼓励国内外投资经营者参与我国垃圾处理和经营。

5）允许符合条件的垃圾处理企业优先上市发行股票或企业债券，向社会募集资金社会融资渠道，解决自我资金不足的问题。

（4）建立健全的法律法规体系。法律法规是一种外部强制力，也是减轻建筑垃圾环境影响的有效手段。

目前我国建筑垃圾管理的法律建设尚处起步阶段，一方面还没有一部针对建筑垃圾管理的法律、法规文件，削弱了建筑垃圾管理工作中的法律效力和处罚力度；另一方面在已有的规章、规范文件中，还缺少针对建筑垃圾管理的环境控制标准。国家有关部门应在全国建筑施工企业中，对每万平方米建筑在施工过程中产生的建筑垃圾的数量状况，进行一次大范围的定量定性综合调查统计，依此制定相应的建筑垃圾允许产生数量和排放数量标准，并将其作为衡量建筑施工企业管理水平和技术水平的一个重要考核指标。这样才能真正引起人们对于建筑垃圾进行综合利用的足够重视，建筑垃圾大量产生的源头才有可能得到有效的控制。

在法律中应体现禁止填埋可利用的建筑垃圾，建筑垃圾回收利用率等相关的内容。

（5）提高建筑垃圾排放收费标准。要使建筑垃圾的回收利用成为可能，一方面应通过宣传教育工作，使建筑商具有环境保护的责任感和意识，将建筑垃圾的回收利用变成他们的自觉行动；另一方面还应采取一些其他手段和措施，来促使建筑垃圾的资源转化。如提高排污收费价格等，利用经济杠杆的作用力，达到预期的目的。

目前我国的建筑垃圾处置收费普遍过低，很难激励建筑商建筑垃圾回收利用的热情。再加上利用建筑垃圾生产的再生建筑材料目前的销售价格又较原生材料高，这使得建筑垃圾的回收利用很难有销路。因此，提高建筑垃圾的收取费用，一来可激发建筑商减少排污的积极性；另外，还可将增加收取的费用补贴到建筑垃圾再生利用企业上来，使建筑垃圾减量化、资源化走上良性循环的轨道。

对于建筑垃圾的收费，应采取分类的标准，如对分类建筑垃圾，收取的费用可降低，而对于未进行分类的混合建筑垃圾则采用高收费，以鼓励建筑垃圾的源头分类、收集和利用。

（6）加强建筑垃圾资源化的宣传和教育工作。建筑垃圾减量化、资源化、无害化处理是一项长期的任务，它关系到我国社会和经济的可持续发展，需要全

民的积极参与、监督实施。所以加强建筑垃圾的资源化和无害化处理的宣传、教育工作，强化人们的环保意识，就显得格外重要。通过加强宣传教育，使人们明确建筑垃圾是一种可以再生利用的资源，对它的利用是关系到环境保护、子孙后代及可持续发展的大事，变被动行为为主动行动，逐步实现建筑废弃物资源化的最终目标。

参 考 文 献

[1] 李俊峰．再生混凝土应用于新农村建设可行性研究［J］．中国水运，2011，1（9）：261-262.

[2] 王香治．城市建筑垃圾资源化利用探讨［J］．环境卫生工程，2012，20（2）：49-51.

[3] 李小卉．城市建筑垃圾分类及治理研究［J］．环境卫生工程，2011，19（4）：61-62.

[4] 深圳市土木工程耐久性重点实验室，深圳大学土木工程学院．城市建筑垃圾处理研究［EB/OL］．(2011-07-12)［2012-01-14］. http：//wenku. baidu. com/view/ca2993c7bb4cf7ec4afed018. html.

[5] 周文娟，陈家珑，路宏波．我国建筑垃圾资源化现状及对策［J］．建筑技术，2009，40（8）：741-744.

[6] 林衍．建筑垃圾正在吞噬我们的城市［N］．中国青年报，2010-05-12.

[7] 黄玉林．我国建筑垃圾的现状与综合利用［D］．上海：中国科学院上海冶金研究所，2000.

[8] 赵军，靳玉飞．建筑垃圾对环境的影响及对策［J］．河南科技，2008（11）：36-37.

[9] 中共中央国务院，中共中央国务院关于加快水利改革发展的决定［EB/OL］．［2010-12-31］http：//www. gov. cn/jrzg/2011-01/29/content_ 1795245. Htm.

[10] 刘振福．再生混凝土在农田水利建设中的应用［J］．黑龙江科技信息，2011（9）：276.

[11] 王国勇．山东村村通公路工程对新农村建设的影响［J］．科技创新导报，2010（27）：236.

[12] 侯劲汝，张继疆，赵紫苓．道路再生混凝土基本性能的探讨［J］．养护机械与施工技术，2007（8）：30-33.

[13] 姚志雄．建筑渣土工程特性及路用性能研究［J］．路基工程，2009（6）：109 -110.

[14] 杨爱菊，肖松权，李志华，等．建筑废弃物资源化的现状与建议［J］．西北水电，2010，6（6）：67-70，75.

[15] 李大华、段宗志．循环经济与资源循环型住宅建设的研究［J］．基 建 优化（第 28 卷），2007，28（5）：125-128.

[16] 韩忠龙，高笃顶．浅谈我国建筑垃圾再利用的现状［J］．城市建设理论研究：电子版，2013（32）：78-84.

[17] 佚名，建筑垃圾资源化大有可为［J］．中国资源综合利用，2011（9）：10-11.

[18] 郭丹，陈加强．浅谈新农村建设中景观设计与建筑垃圾再利用研究［J］．散文百家（新语文活页），2016（12）：171.

[19] 李秋义．建筑垃圾资源化再生利用技术［M］．北京：中国建材工业出版社，2011.

[20] 王金霞，李玉敏，白军飞，等．农村生活固体垃圾的排放特征、处理现状与管理［J］．农业环境与发展，2011（2）：1-6.

[21] 林伟彪．建筑垃圾的环境影响分析及处理对策［J］．广东化工，2015（10）：126-127.

[22] 焦守田，冯建国．农村垃圾的资源化管理［M］．北京：中国发展出版社，2008.

[23] 龙晋豫，邢振贤，孟小培．新农村建设建筑垃圾处置与再生利用初探［J］．山西建筑，2014（31）：203-204.

[24] 田洪臣，徐海宏，康梅林．新农村建筑施工垃圾低碳化处理方法 [J]．山东农业大学学报（自然科学版），2018，49（3）：531-534.

[25] 赵沛楠．建筑垃圾资源化难题待解 [J]．中国投资，2010（8）：74-76.

[26] 蒲云辉，唐嘉陵．日本建筑垃圾资源化对我国的启示 [J]．施工技术，2012，41（21）：43-45.

[27] 石建莹．城市建筑垃圾的管理及对策研究——以西安市为例 [J]．西北大学学报（哲学社会科学版），2012，42（5）：187-189.

[28] 周文娟，陈家珑，路宏波．我国建筑垃圾资源化现状及对策 [J]．建筑技术，2009（8）：741-744.

[29] 梁晓亮．钢结构住宅市场份额有多大 [N]．经济日报，2011-03-25.

[30] 张立辰．建筑垃圾对环境的影响及对策 [J]．内蒙古环境科学，2008（4）：73-74.

[31] 李广清．建筑垃圾在园林建设中的再生利用研究 [J]．广东林业科技．2010（26）：77-82.

[32] 佚名．上海：重构建筑垃圾分类收运处体系 [J]．墙材革新与建筑节能，2016（8）：69.

[33] 张宇，李宏魁，胡冉冉．建筑垃圾的分类及其利用研究 [J]．明日风尚，2018（13）．

[34] 龙晋豫，邢振贤，孟小培．新农村建设建筑垃圾处置与再生利用初探 [J]．山西建筑，2014（31）：203-204.

[35] 中华人民共和国住房部和城乡建设部发布．建筑垃圾处理技术规范 [M]．北京：中国工业出版社，2010.

[36] 何更新，田欣．国内外建筑垃圾相关法规标准概述 [C]．房建材料与绿色建筑，2009：1106-1111.

[37] 孙金颖，陈家珑，周文娟．建筑垃圾资源化利用城市管理政策研究 [M]．中国建筑工业出版社，2016.

[38] 佚名．国外如何实现建筑垃圾资源化利用 [N]．工程建设标准化，2010（9）．

[39] 马刚平，梁勇，王荣，等．建筑垃圾资源化处理设计方法研究 [J]．建设科技，2014（1）：23-24.

[40] 冷发光，何更兴，张仁瑜，等．国内外建筑垃圾资源化现状及发展趋势 [J]．环境卫生工程，2009（2）：33-35.

[41] 杜婷，张勇，昌永红．国外建筑垃圾的处理对我国的借鉴 [J]．湖南城建高等专科学校学报，2002（6）：35-36.

[42] 赵由才，王罗春．建筑垃圾处理与资源化 [M]．北京：化学工业出版社，2004.

[43] 杨德志，张雄．建筑固体废弃物资源化战略研究 [J]．中国建材，2006（5）：83-84.

[44] 张爱菊，李子成，党晓海．再生骨料及其在透水性混凝土中的应用 [J]．砖瓦，2016（9）：59-62.

[45] 吴英彪，石津金，刘金艳，等．建筑垃圾在城市道路工程中的全面应用 [J]．建设科技，2016（23）：33-36.

[46] 贾淑明，刘卓，赵海宏，等．以建筑垃圾为骨料的再生混凝土技术 [J]．低温建筑技术，2012，34（12）：1-3.

[47] 王武祥，刘力，等．再生混凝土集料的研究［J］．混凝土与水泥制品，2001（4）：9-12.
[48] 万朝均，刘立军，张廷雷，等．基于原生混凝土性质评价的再生骨料质量评价［J］．重庆建筑，2009（8）：36-39.
[49] 侯景鹏，宋玉普，史巍．再生混凝土技术研究与应用开发［J］．低温建筑技术，2001（2）：9-10.
[50] 李杨．道路交通的废旧混凝土再生利用研究［J］．黑龙江交通科技，2011，34（3）：45-46.
[51] 肖建庄，李佳彬，兰阳．再生混凝土技术研究最新进展与评述［J］．混凝土，2003（10）：17-20.
[52] 朱丹浩，王鑫阳，徐昊，等．再生混凝土和普通混凝土的区别比较［J］．混凝土工程，2016（4）：80.
[53] 刘莹，彭松，王罗春．再生骨料及再生混凝土的改性研究［J］．再生资源与循环经济，2005（1）：33-39.
[54] 张璐．再生混凝土的配置工艺及技术［J］．技术天地，2014（5）：343.
[55] 陈家珑，高振杰，周文娟，等．对我国建筑垃圾资源化利用现状的思考［J］．中国资源综合利用，2012，30（6）：47-50.
[56] 单双成，陈满．废弃水泥混凝土道面在路面半刚性基层中再生利用的试验研究［J］．公路工程，2013，38（3）：192-195.
[57] 孙丽蕊，岳昌盛，等．建筑垃圾再生无机混合料在道路工程中的应用［J］．中国资源化综合利用，2013（2）：32-34.
[58] 孙丽蕊，田明阳，等．水泥稳定再生骨料无机混合料在道路基层中的应用［J］．市政技术，2016（6）：194-196.
[59] 朱祥，薛凯旋，杨国良，等．建筑垃圾对再生混凝土砖性能的影响［J］．粉煤灰，2014（4）：27-30.
[60] 刘松柏，柴天红．建筑垃圾再生骨料混凝土的制备与应用［C］//“第四届全国特种混凝土技术”学术交流会暨中国土木工程学会混凝土质量专业委员会2013年年会论文集．2013：393-395.
[61] 薛勇，杨晓光，郝永池．再生砖的应用研究［J］．粉煤灰综合利用，2012（6）：38-40.
[62] 胡达平．沥青路面再生利用应用技术研究［J］．交通世界，2002（6）：36-37.
[63] 韩玉柱，金贤浩．沥青路面冷再生技术综述［J］．黑龙江交通科技，2010（11）：29-30.
[64] 周慧东．旧沥青混合料性能分析［J］．科学之友，2008（23）：31-33.
[65] 王罗春，蒋璐漫，等．建筑垃圾处理与资源化（第二版）［M］．北京：化学工业出版社，2017.
[66] 韩红旗．旧沥青混合料的老化性能对再生利用的影响［J］．河南科技月刊，2006（10）：78-79.
[67] 邢德林，汤远玲．城市道路沥青混凝土路面的再生技术［J］．黑龙江交通科技，2007（8）：20-21.
[68] 郑永清．废旧沥青混合料的再生利用研究［J］．环境保护科学，2006，32（2）：36-38.
[69] 李纲．浅谈冷再生与热再生的特点［J］．黑龙江交通科技，2010，33（2）：1-2.

[70] 李玮，聂莉萍，吴友兵．旧沥青路面再生应用与研究现状［J］．江西建材，2006（1）：12-14.

[71] 杨建明，杨仕教，熊韶峰，等．旧沥青路面再生研究的现状与工艺［J］．南华大学学报：理工版，2003，17（1）：11-15.

[72] 吴传山．重庆市沥青混凝土路面厂拌冷再生设计及技术研究［D］，重庆交通大学，2011.

[73] 刘世英．沥青路面现场热再生关键技术研究［J］．混凝土工程，2015（41）：202，204.

[74] Danielle S Klimesch，Abhi Ray，Jean-Pierre Guerbois. Differential scanning calorimetry evalution of autoclaved cement based building meaterials made with construction and demolition waste［J］. Thermochimica Acta，2002（389）：195-198.

[75] H M L Schuur. Calcium silicate producys with crushed building and demolition waste［J］. Journal of Materials in Civil Engineering，2000，12（4）：282-287.

[76] Timothy G Townsend，Brain Messick，Scott Sheridan. Sweat the smart stuff for more C&D debris recovery［J］. Resources Recycling，1999（2）：30-37.